我們都是孩子的引導師

ADHD也是一種天賦，每個生命都有獨特的魔法，值得被溫柔點亮

梁懷貞（凱西）◎著

目錄 Contents

【推薦序1】所有的相遇，都是緣份　8
【推薦序2】誰說 100 分的主管，不能是 100 分的父母親？　10
【推薦序3】凱西的人生禮物　12
【推薦序4】孩子，你就是你自己　14
【推薦序5】先學會愛護自己，才能為孩子的最佳夥伴　16
【推薦序6】凱西跟小馬圓了一個我的夢　18
【推薦序7】透過陪伴孩子，也修煉自己　19
【推薦序8】每一個家庭都應該有一本「魔法書」　20
● 各界溫柔推薦　21
【作者序】穩固自己的神光，才能引導孩子發光　25

PART 1　正視孩子的不同，從覺察他的困難開始

1.0　孩子，你就是你自己　32
1.1　遲緩不是病，它是一種狀態　33
1.2　大隻雞慢啼，真的是這樣嗎？　38
1.3　到底是敏感體質還是注意力缺失？　41
1.4　媽媽，我不是故意交白卷　46
1.5　老是無法控制自己的嘴巴　51
1.6　不管怎麼練習還是很難看的字　55
1.7　他只是愛動，為什麼叫他「過動兒」？　58
1.8　學習接受結果的不如預期　64

PART 2　理解孩子的問題，背後是一個需求

2.0　問題，是來自宇宙的訊息　68
2.1　是真的想上廁所？還是找藉口？　69

2.2　你們家也有逃不出的開學噩夢嗎？　74
2.3　如果可以誠實，為什麼還要說謊？　78
2.4　我的孩子會打人，是和誰學的？　82
2.5　我可以和你重新做朋友嗎？　86
2.6　孩子，你為什麼要罵髒話？　90
2.7　孩子被霸凌了，要怎麼辦？　94
2.8　叫你不要吵，聽不懂是不是？　97

PART 3　打開孩子的心門，說故事勝於講大道理

3.0　達成更深層次的心理交流　102
3.1　天生我材必有用　104
3.2　會溝通的大樹爺爺　108
3.3　關於比賽，那些父母想教卻無法教我的事　112
3.4　不管是周杰倫、風笛或是嗩吶，都是學習　116
3.5　如果你現在放棄，你的願望就結束了喔！　122
3.6　我的外公，英雄不怕出身低　127
3.7　所有的等待都是值得的　132
3.8　你吃的這條魚是來報恩的　135
3.9　請父母親也嘗試做一位聽眾吧　139

PART 4　放膽讓孩子探索，生活中處處可學習

4.0　成為孩子的底氣　142
4.1　放學後，比參加課後班更重要的事　144
4.2　去一個可以感受到幸福的地方　148
4.3　選擇適合孩子，而且他也喜歡的運動　153

4.4　道謝、道愛，是最不能等待的學習　156
4.5　我是足球隊守門員，我很重要　160
4.6　為什麼我們該帶孩子去聽一場音樂會？　163
4.7　一位過動兒視角中的演講比賽　167
4.8　用香氣來交流，讓想像力飛揚　170
4.9　培養審美觀，從欣賞自然萬物開始　174

PART 5　滋養孩子的內在，用家裡溫暖流動的愛

5.0　人生只要有你有我，就不難　178
5.1　身體接觸是親密的魔法　180
5.2　爸爸媽媽，笑一個吧！　182
5.3　擁抱遙遠的祖父母，一起旅行吧！　185
5.4　我是奶奶記憶的鑰匙　188
5.5　行有餘力，當一位志工爸爸或志工媽媽吧！　191
5.6　平常一起運動，這也是愛的展現　194
5.7　愛他，就不要讓他當機　197
5.8　小馬與外公的多重宇宙　200

PART 6　點燃孩子的動力，以正向鼓勵提升自信

6.0　手持著點亮孩子的魔法棒　204
6.1　學習欣賞孩子天生的模樣　205
6.2　我穿著天空藍的衣服，我會在終點等你　207
6.3　小馬和他的陪跑員　210
6.4　讚美的話，說久了就會成真了　213
6.5　只要堅持不放棄，你就是自己的冠軍　216

6.6	真正的自信，是來自於對自我努力的肯定	219
6.7	來自宇宙的蝸牛	224

PART 7　穩固自己的神光，才能引導孩子發光

7.0	閱讀，是穩固自己的基石	228
7.1	請先放過自己，你才能同理孩子	229
7.2	我們並不一定要勉強逆流而上	233
7.3	保持溝通，請老師當孩子在學校的那座山	236
7.4	妳擔心，他只會害怕；妳恐慌，他壓力更大	239
7.5	勇敢做一個「先給自己戴上氧氣面罩」的父母親	242
7.6	我們，都是孩子的引導師	246

PART 8　培養親子自癒力，十個讓親情加溫的魔法儀式

8.0	用魔法創意安撫彼此的心	250
8.1	儀式一：為雙腳添加能量	251
8.2	儀式二：出門前的配備地圖	254
8.3	儀式三：大腦的五個抽屜	257
8.4	儀式四：簡單的深呼吸靜心	261
8.5	儀式五：呼吸升降梯	264
8.6	儀式六：吹個白光泡泡吧	267
8.7	儀式七：大吼大叫紓壓法	270
8.8	儀式八：呼喚大樹爺爺溝通法	274
8.9	儀式九：一起聆聽音樂吧	278
8.10	儀式十：創造幸福感的魔法	282

寫在這本書之後（後記）　285

【推薦序1】所有的相遇，都是緣份

城邦媒體集團首席執行長 何飛鵬

認識懷貞，是透過好友王會計師的介紹。有天他告訴我要帶懷貞來拜訪我，因為準備出版一本親子書，希望我能給後輩一點意見。見面當天，我才想起，原來她不僅是我長期的讀者，也曾經兩度參與過我的寫作課程。

這本書是懷貞記錄自己身為母親與過動兒孩子小馬一同成長與學習的心路歷程。我們邊喝著咖啡，邊聽著她侃侃而談，如何在工作、家庭、女兒與母親的多重身分煎熬下應對，但仍能感受到，坐在我面前的，是一位正面、從容不迫與自在的女子，不禁深深的佩服。

懷貞以仍在科技業上班工作的素人之姿，能寫出一本與自己職場專業領域完全不同的親子教養書，我覺得除了和她深刻的生活體會、對自我與孩子的覺察力之外，更重要的是，她持續保有著閱讀的習慣。我從本書她在面對有 ADHD 的孩子問題時的敘述裡看得出來，她大量的從書中學習、找方法、與專家提問，並且大方分享給讀者整個過程。甚至包含推薦閱讀的書籍都列在許多章節之後，以供探索，希望為面對類似困境的父母親省下許多白跑的路。

這本書透過一篇一篇的真實生活小故事，由母親與孩子、以及孩子與家人間生動的對話，架構出背後懷貞想傳達的理念。她認為

在孩子的成長過程中，最扣人心弦的，其實不是孩子在父母精心培養下能達到的成就，而是家庭中，所有成員間彼此的關係、流動的愛、以及良好的溝通，這才是支持孩子發展最核心的元素。

這看起來是一本親子教養書，但其實卻整合了懷貞在多重角色下歷練的人生精華，尤其是引導、管理與激勵人心的經驗，這不正是在職場上的主管也會做的事嗎？稱這本書為一位母親修煉自我的「自慢」之書，也不為過。

喝完咖啡，我告訴懷貞，我們此生與孩子的相遇，是緣份。而我能為這本書寫序，自然也是緣份，願上天保佑懷貞和小馬。

【推薦序2】誰說100分的主管，不能是100分的父母親？

技嘉科技創辦人、董事長 葉培城

Kathy是公司的老同事，讀完這本書的初稿，似乎又重新認識了她。

回想起初認識Kathy的時候，知道她是十分細心，而且有行動力的人。前兩年，她在月會上鼓勵著我們幾個年逾六十的夥伴，到南美去看看分公司，視察狀況。所以時隔多年，我又被安排到南美洲出差，真正感受到業務行銷南美的深刻體驗。南美洲距離台灣最遠，加上轉機動不動就是30小時以上的飛行，到了當地又必須克服時差，提起精神跟客人商談；在台北遠距聯繫客人時，又必須遷就客人的時區，付出的心力以及忙碌的狀態，可想而知。但Kathy就是在這樣的日常之下，走過了一年又一年，堅毅的性格使然，依然能夠交出漂亮的成績單。

工作中認識的主管「Kathy」，同時也是小馬媽媽「Kathy」，雙重也都重要的身分來之不易，為母則強，著實令人敬佩。工作與家庭如何平衡，對所有人都是一大難題。選擇為人父為人母，也背負著傳承的責任，可畢竟孩子與事業並不是二選一的選擇題，既然答案永遠都是複選的，又開始反思，這些人生大事有必要排序嗎？也許每個人的工作與家庭有著不同的比重，但絕對不會有人質疑

100 分的主管不能是 100 分的母親或父親。

在書裡，我彷彿能看見 Kathy 穿著天空藍的衣服，在終點線殷殷期盼，母愛的力量無與倫比。陪伴即是愛的量化，在一則則小故事裡、更是在日日夜夜的相處裡。

書中有笑有淚、有不安也有期待，每個動人的篇章與小遊戲都是灌溉孩子的養分，獨存在於親密家人之間的默契，令人動容。每個孩子都是上天的贈與，小馬有這樣的母親，是多麼的幸運與幸福。也正因我們對孩子的愛是天性使然，是一生牽掛的所在，所以不管是陪跑或者在終點等候，願天下的父母親都能不畏風雨、也無懼未知，用耐心陪伴，也永遠期待孩子成為自己的冠軍！

【推薦序3】凱西的人生禮物

企業講師、作家、主持人 謝文憲

我:「小馬,你的問題是什麼?」
小馬:「憲哥,你今年幾歲?」
小馬用極強的臨場反應考我,我回馬槍:
「小馬,知不知道你媽媽今年幾歲?」

以上對話出現在今年台北國際書展,現場有近百人聆聽中,三十歲到五十歲的人都不敢舉手發問,小學五年級的小馬卻舉手了。

我有很多學生,全家都認識我的,懷貞(以下用凱西稱呼)家是其中之一。朋友讚賞凱西的成就有兩個面向,第一,她在科技業負責巴西市場,專業很強大,第二,她有一位 ADHD 的孩子,她與小馬間的互動,很令人動容。

我們從《說出影響力》課程相識,如今凱西不僅是優秀的學姐,更是我推動「演說能力普及化」得力的應援團。她晚上有空時,不僅會協助我輔導企業訓練高階主管的演說能力,前兩屆以我父親為名的青年演說培訓《豐說享秀》,更是我重要的輔導戰力之一。

直到我看到本書,我才發現凱西不只是培訓台灣青少年的演說技巧,更是帶著小馬,一起學習與人溝通的技巧與臨場反應。

最好的家庭教育就是身教,不是嗎?

書中好幾個篇章讓我感受到滿滿的愛，無論是凱西與父母、孩子在音樂會上的互動（我也在場），或是小馬學習運動的過程，還有小馬與老馬（外公）間的互動，都展現了家庭中的愛與關懷。

　　書中第八章談到十個魔法儀式，我自己非常喜歡，不僅面對特殊孩童有用，面對企業學員或是家人也都有用，無論儀式感背後的目的為何，一個刻意營造的儀式感，就會為自己煩躁的心，或是即將面對的風暴，進入沉浸式的感受，走向正面的循環，我想這也是每次我看到凱西，她都會鼓勵小馬到台前來跟我互動的原因。面對憲哥，跟我打個招呼，就是小馬和我之間的儀式感吧？！

　　我大舅子家中也有一位過動的特殊孩子，十二年來，岳母以及大舅子夫妻為了孩子費盡心力，他跟小馬差不多大，所以我一直鼓勵凱西把書寫出來的主要原因，這條路上不是只有凱西一家人，而是更多需要本書的家庭，凱西的親身經歷，我相信能夠照亮更多家庭。

　　遺憾的是，我的岳父在孩子出生前一個多月過世，沒能在他也是 84 歲的年紀，看到自己的孫子誕生，當我看見凱西寫到老馬與小馬間的感情，不禁潸然淚下，或許這就是人與人之間的緣分吧？

　　相較之下，無論小馬的狀況為何，我相信這都是老天爺送給凱西一家最棒的禮物，今天，這禮物也到了您面前，我誠摯推薦您打開它，學習 ADHD 家庭相處的苦辣與酸甜。

【推薦序4】孩子，你就是你自己

簡報與教學教練、F學院創辦人 王永福

「孩子，你就是你自己。」

這句簡單的話語，道出了多少父母心中最深的困惑與掙扎。我們總是希望孩子能成為「最好的自己」，卻常常忘了，最好的自己，不是我們心中那個完美的樣子，而是他們本來的樣子。

跟凱西遇見，是在專業簡報力的課程現場，身為高科技廠高階主管，帶領團隊開拓巴西市場，被我們尊稱為「巴西女王」。她的專業與幹練，令人印象深刻。但是，隨著我們認識的時間漸增，我才發現，原來在事業成就的背後，凱西不僅有柔軟的舞姿（我跟憲哥還曾被她拉上台表演），更有著一顆柔軟而細膩的心。對朋友如此，對她的孩子──小馬更是如此。

有時在我們舉辦活動的會場，看到小馬和凱西一起出現，他看起來活潑有禮、好奇心強。當時我單純的覺得他是個很棒的孩子，卻不知道背後的故事。直到讀了本書，才明白他們親子一起走過的每一步，都充滿著愛、包容和無比的耐心。這本書，記錄了凱西是如何面對小馬的ADHD診斷，並應用她在職場打拼的專業與毅力，全心陪伴孩子成長的過程。

從正視孩子的不同，到理解行為背後的需求，再到打開孩子的心門。我特別喜歡書中「小馬與他的陪跑員」和「我穿著天空藍的衣服，我會在終點等你」這兩個故事。凱西不是站在終點催促孩子

快跑，而是和小馬一起，一步一步向前行。這樣的陪伴，不正是每個孩子內心最深處的渴望嗎？小馬學鋼琴的經歷，更是觸動我心。「如果你現在放棄，你的願望就結束了喔！」面對孩子想放棄的時刻，凱西給予的不是責備與失望，而是理解與鼓勵。而那位能夠看見孩子天賦的鋼琴老師，更提醒我們：每個孩子都有自己獨特的亮點，只是需要我們有足夠的耐心與眼光去發現。

我也有兩個女兒，我清楚的知道，在教養的道路上，沒有標準答案，也沒有捷徑，只有一步步摸索走過的路。如同凱西書裡提到的，她到現在為止也不確定什麼是「正確解答」，我們都是當了父母，才學習怎麼當一個好的父母。更重要的是，我們常常只顧著擔心孩子，卻忽略了自己的情緒和需要。看到第七章「穩固自己的神光，才能引導孩子發光」，也讓我很有共鳴。先照顧好自己，我們才有足夠的愛和能量去照顧孩子。

每個孩子都是不同的，有 ADHD 也好、沒有 ADHD 也罷，閱讀本書，我學到最多的，是每個孩子都有自己的步調和特質，我們的任務不是讓他們變成「正常」或「優秀」，而是接納他們的不同，陪伴他們找到屬於自己的路。

就像書中說的：「你，就是你自己。」無論你是不是特殊兒的父母，都能從這本書獲得啟發與力量。也謝謝凱西與小馬的勇敢與堅強，讓我們從一篇一篇的成長故事中，看到了許多可能。希望未來我們在教導孩子的同時，也被孩子教導著成長。

相信這會是你今年最值得閱讀的一本親子教養書，我誠摯推薦。

【推薦序5】先學會愛護自己，才能成為孩子的最佳夥伴

注意力與學習力專家、臨床心理師 黃瑞瑛

認識懷貞是在一場同理心的演練課堂裡。她的穿著喜好展現出感性的浪漫情懷，但言談與見解卻犀利精闢，更特別的是，她對周圍同學和老師的需求自然流露出溫暖與關懷。起初，我以為這位「奇女子」是因為不需負擔人間疾苦，所以可以瀟灑恣意與活力十足。深入交談後，我才驚訝地發現，她不僅是一位忙碌的業務主管，更有位需要付出很多時間、精力、知識、金錢去照顧、陪伴、引導的兒子——小馬。

小馬雖然從小被診斷為發展遲緩，後續確診為注意力不足過動症伴隨肌肉張力偏低，但卻是一位可愛、溫暖又富有創意的孩子。第一次見到小馬時，我心中有些忐忑，因為他已經上小四，並且接受過一些長期的注意力和職能、物理相關療程。我心想：「不知他會對新的訓練課程有多大的抗拒或疲乏呢？」但當我見到他那無防備的笑容和充滿活力的問候時，立刻感受到親近與接納的氛圍。

在隨後持續一年多（每週一次）的訓練過程中（包括寒暑假），雖然歷經了一些努力卻沒有成果的挫折，但也累積了不少因調整而達到小小進步的雀躍，而那個瞬間的感動與頓悟成為了我們一起努力的動力。其中更有「奇蹟」般的經歷，例如：跳繩的學習。由於

小馬的肌肉張力和注意控制力問題，他在訓練課程中，一開始手部的動作只能習慣性的一次轉動一下。經過半年以上的練習與調整，在某一天的課程中，他的手部突然成功地完成了連續兩次的旋轉動作，隨之而來的是連續成功跳繩二十下。那一瞬間，我與他感受到如同奇蹟般的興奮，大家一起歡呼跳躍，這種感受只有深受困擾的人才能深刻理解我們的心情！

當懷貞邀請我為她的新書撰寫序言時，坦白說我並沒有抱太高的期望，因為市面上已經有不少類似的書籍。然而，當我開始閱讀時，不禁被她與小馬之間生動有趣的親子對話以及深刻的互動場景所吸引，令人欲罷不能。此外，作為一名資深臨床心理師，深知爸媽面對有類似問題孩子的教養時，不僅壓力巨大、甚至是無力與無助，尤其在接到老師的電話或訊息時，都覺得焦慮無比。這本書讓父母或讀者能夠透過懷貞所分享的故事，以平實且貼近生活的方式，系統地引導我們從問題的起始到現在，了解她如何一步步應對小馬在成長過程中所面臨的挑戰、困難和需求。

更重要的是，讓父母明白「唯有先學會如何愛護自己，並持續學習成長，才能成為孩子最好的夥伴。」

這確實是一本令人感動且值得推薦的好書！

【推薦序6】凱西跟小馬圓了一個我的夢

《減法教養》作者 K老師（柯書林心理師）

長期投入臨床心理工作的我，幾乎每天都會聽到令人唏噓的故事。有一緊張就發出怪聲的妥瑞兒，有太好奇把診間椅子拆壞的過動少年，有來了五次仍一個字都沒講出口的選緘少女，更有直言不諱卻看不懂臉色的亞斯寶貝。但最叫我難以安慰的，其實是陪他們前來的爸媽。

不知道要怎麼安慰時，我會請這些爸媽，練習觀察寶貝的言行舉止，並記錄他們的情緒變化與想法。盼透過書寫，能幫家長的重擔找出口，說不定寫著寫著，還能有所領悟。每次閱讀紀錄，我也彷彿和他們一起經歷了風風雨雨。可惜，只要寶貝狀況稍微穩定後，家長便不再記錄。

凱西是少數能持續書寫的媽媽，這本書是凱西一字一句記錄著她與小馬的日常點滴，更在面對有著特殊「才華」的寶貝時，藉由不停地嘗試與探索，分享她是如何解讀出孩子異常舉措的背後意涵。我必須跟凱西說：「你跟小馬圓了一個我的夢！」

最後想和讀友分享：碰上苦難未必有什麼道理。如果真要扯出什麼意義，大概就是更確認自己的渺小，但也因此更完整的體驗人生吧！說不定育兒之路的重點，並不在於我們能給予什麼，而是我們收穫了好多這輩子從沒有過的「感受」！祝福家長們，都能學會「允許脆弱，專注變強」。

【推薦序 7】透過陪伴孩子，也修煉自己

ChiaBow's Music 創辦人 沈嘉寶

六年前，五歲的小馬和媽媽（懷貞）走進我在誠品的奧福音樂遊戲課。印象中小馬隨著我的小提琴聲，模仿著兔子，重重的雙腳很努力跳動著，他看起來吃力，但卻很可愛！一轉眼，我們的緣分延續到現在。

小馬學鋼琴的過程，因為受張力不足和 ADHD 的困擾，看譜與手眼協調很有挑戰，練習時常常心有餘而力不足，會流下挫折的眼淚。有時看他辛苦，我都已經想放他一馬，而小馬卻不想「下馬」，還是咬著牙堅持挑戰！我看著心疼，但很高興能夠陪伴這樣不放棄的小馬一起成長。

在現實中，如同超人的懷貞，忙碌工作之餘，依然充滿對生活的熱情、不斷充實自己，身兼多職。在我懷孕生產和教室舉辦音樂會等重大的時刻，她更貼心的給予支持，我十分感動。

我非常喜歡書中將聆聽音樂比喻為賦予孩子魔法力量的這段。聽音樂不僅能改變氣氛、培養美的欣賞能力，也能學習感受並表達情緒，親子共賞音樂更能為彼此建立深刻的對話與連結。

小馬能在面對挫折時仍正向不氣餒，他樂觀的心性其實來自於懷貞溫暖的身教。而「母親」的角色，是一種越挫越勇的修煉，讀完本書，讓家有兩歲幼兒的我，感覺也跟著升級了。

【推薦序8】每一個家庭都應該有一本「魔法書」

國際漢方芳療學院院長 林君穎

　　初識懷貞是在我的芳療課堂，對芳療很有熱情，是位工作能力相當優秀的職場女性。再認識久一點後知道她是位有俠肝義膽的俠女，熱心助人事蹟讓我印象深刻。再後來我的課堂中來了一位有趣的小朋友——小馬，懷貞的小寶貝。從懷貞與小馬的互動中，我感覺懷貞不只是媽媽、很多時候是朋友、是教練、是老師。這位媽媽真是了不起啊！

　　本書記錄了小馬的成長、ADHD 小朋友的育兒經驗，滿滿的愛令人動容，其中最讓我心頭震了好大一下的是這句話：「做那個懂自己孩子的父母親，知道如何激發孩子『自然的用處』，比做一個要孩子『有用』的父母親，對孩子的幫助更大。」暮鼓晨鐘的一句話背後是愛與智慧的體悟。

　　我曾經注意到一位朋友學齡前幼兒的行為，而幫助他早期診斷出 ADHD，而懷貞這本書相信會再次幫到類似這樣的家庭，讓父母更有盼望，孩子能更健康的成長！

　　我很喜歡書中分享的「魔法儀式」，懷貞是魔法學校的教授、是女俠、是媽媽。這本可稱作為魔法書的好文，值得所有的父母細細品嚐、學習借鏡，也或許一個嶄新的家庭氛圍就會出現！

🏠 各界溫暖推薦

　　這本書讓我時而鼻酸、時而會心一笑，身為蠟燭多頭燒的職場媽媽，深深感受到凱西母子在共同成長中那份溫暖的愛。相識多年，我見證她如何一路陪伴小馬——摸索、跌倒、站穩、再碰撞，用滿滿的愛與耐心，陪孩子走過一次次挑戰。不容易，但真的好值得。這不是一本告訴你「該怎麼做才對」的書，卻能深深觸動我們—那些在育兒路上曾迷惘、自我懷疑，卻依然努力向前的媽媽們，帶來溫暖與力量。

女人進階 To be a better me 粉絲頁主理人
Eva

··

　　凱西老師是我在演講訓練營的輔導員。那次比賽，我拿到冠軍，主題是推廣閱讀。透過閱讀，我想要成為像巴菲特一樣成功的人。老師在輔導過程中，沒有放棄一開始狀況不佳的我，更提醒我：「閱讀固然重要，但真正的成功來自於實踐。」讀完本書，我懂了，所謂的成功，並不需要偉大。看到老師陪伴小馬，讓我想起自己的父母，他們辛苦養育我長大，其實就是一種成功。

中興大學資訊管理學系 一年級
林均融

這本書讓我想到李歐納‧柯恩的歌《Anthem》，其中一句歌詞：「萬物皆有裂痕，那是光照進來的地方。」凱西凝視著裂痕，轉念變身為魔法媽媽，不畏ADHD，親子倆一起跳脫框架。書中的小馬純真但反應卻發人深省；跨世代的祖孫情令人艷羨；而親子間的愛更牽動著同為人母的我。我認為，凱西跟小馬是最佳拍檔，只要牽手並行，烏雲就會自動退散。

國立政治大學身心健康中心 社工師
洪逸涵

....

在一場專業表達課程上，快人快語、思路清晰的懷貞（Kathy）總能一針見血地指出問題核心，舉手投足間盡顯職場女強人的幹練。那時的我，怎麼也無法將眼前這位雷厲風行的女性，與「耐心」二字聯繫在一起。

偶然間聽到她那可愛的兒子（小馬）因著發展速度緩慢，在成長中，有許多苦笑不得的狀況讓她頭痛，即使她總是風風火火，追求效率，卻在陪伴孩子的過程中，學會了放慢腳步，學會了用不同的視角去看待世界。也是她生命中最柔軟的牽掛。

這本書字裡行間，沒有華麗的辭藻，卻充滿了真摯的情感與智慧的光芒。她用自己和孩子的故事告訴我們，一個人在快與慢之間找到平衡，才能在生命的旅途中，譜寫出最動人的樂章。

天使心家族基金會發言人 / 廣播主持人 /《當了媽媽，更要練習做自己》作者
劉淑慧

我單身，書中雖描述了我未有的經驗，但閱讀時，讓我回想到兒時，我自小體弱多病，讓長輩十分操心。有次半夜發燒，父親焦急奔跑著、背我前往高雄長庚，事隔近 40 年，我還能記得坐在爸爸背上時，聞到的汗味。我在背上搖搖晃晃的，身體很冷，但是爸爸的背很溫暖。閱讀懷貞和小馬的故事，讓我重溫了家中長輩對我的關愛，並療癒了自己的心靈。

作家、物理治療師／《〔圖解示範〕慢性腎臟病友的護腎運動健康學》作者
陳德生

....

　　我們總是讀著那些成功者的故事，聽他們敘述孩子怎樣的天賦異稟、出類拔萃，而爸媽又是如何支援與幫忙開疆闢土，最後協助孩子獲取了巨大的成功。但那樣的故事，就像天上的煙火，光彩奪目，卻稍縱即逝，更多時候，我們是站在地上看煙火的平凡人。看凱西的親子文，就像是聽到身邊的親戚、鄰居、同事會有的遭遇一樣，很真實酣暢、很療癒人心，真心推薦給同為平凡人的你。

懿聖皮膚科診所 院長／
《癢、痛、感染 STOP！皮膚專科醫師傳授 50 堂健康課》作者
游懿聖

....

　　凱西在書裡，為我們示範了什麼叫做「帶著愛的陪伴」。如果你家裡也有「特殊」的孩子，這本書會帶給你滿滿的療癒跟力量。

啟點文化內容製作人
劉彥廷

Kathy 老師是我參加演說比賽的輔導員。我記得當時不論交無數次的稿、無數次的練習影片，她都很有耐心的回覆，並且陪伴我抽絲剝繭、找出自己不一樣的故事。我覺得老師和小馬的互動，也很像和學生的互動。我們常常在重複的錯誤裡迴圈，跳不出來，但老師依然能找到方法來協助學生改進。從書中，我也彷彿看到老師曾經對我講話的樣子。

文藻外語大學數位系 二年級

曾盈盈

　　這是 Kathy 和孩子小馬一起走過的真實故事。身為一個媽媽和凱西的好友，我深知每一位母親在育兒過程中的無力與焦慮，尤其當孩子有特殊需求的時候。看到凱西如何在無數的挑戰中，調整自己的心態，學會如何成為孩子生命中的引導師非常敬佩。

　　育兒本來就沒有標準答案，最重要的是無條件的愛與耐心。無論您是正在面對類似困境的父母，還是對育兒有期待的人，這本書都將帶給您力量與啟發。讓我們在孩子的成長路上，一同找到屬於他自己的光。

麻葉餐飲集團執行長 / 飛花落院創辦人

魏幸怡

【作者序】穩固自己的神光，才能引導孩子發光

　　五年前，我拿到了一個號碼牌，那是一個排了快半年的「問事牌」，問的對象是媽祖娘娘，當然不是透過媽祖本尊，而是位於台北文山區一間宮廟裡的乩身。

　　我這輩子沒問過事，也不覺得自己需要問事，但是本來排隊要問事的朋友突然提前要進醫院生產了，號碼剛剛好輪到她，她不想浪費這個排了很久的機會，於是把號碼牌送給我。

　　我心裡想：「問事？這什麼啊？問的真的是神明嗎？我不是只要去慈祐宮拜拜媽祖保平安就好嗎？」但是朋友堅持，我只能不辜負好意。

與神對話

　　還記得當天到了現場，大廳裡燈光昏暗，我前面還有約十餘人在等，有股說不上來、些許壓抑的氛圍。香爐中煙霧繚繞，聞著有些嗆鼻，我屏住氣，莫名開始緊張起來。

　　乩身是位年輕美女，我承認我當時以外貌取人，覺得就憑一位美眉，是能給我什麼開示？我遠遠坐在大廳旁的一角，看著前來問事的信眾都和她低頭交耳，她很耐心傾聽。我開始努力思考，到底在神明面前，我可以問什麼人生大事？但是什麼都想不出來。

三個小時後終於輪到我了，才問第一件事，她的回答就讓我哭了，第二件事，我聽的一直點頭，第三件事，因為我真的再也想不出來了，於是我怯怯的問：「我有一件很小的事，不知道可不可以問？我覺得這樣的小事要麻煩您，真的很不好意思。」

只見年輕美女很慎重的看著我說：「你們來找我，都是重要的，你們的事就是我的事，沒有大小之分。」

於是我大膽的問了她：「我下週要上台演講，不知道要講什麼主題大家才會有興趣？好難選⋯⋯。」

此刻我心中不斷OS：「這真的是件小事吧？！難得花大半年的時間排隊等著問神明，有人會問這種事嗎？！」

沒想到，她一本正經的回答：「講妳和妳孩子的事吧！你們之間有許多的故事，妳講出來，真情流露，一定很動人。」

在那一瞬間，我的眼神開始迷茫，彷彿眼前美女的面貌真的置換成了神尊，祂慈顏善目的看著我。這個回答令我十分震驚，我並沒有特別描述孩子的議題，但是關於我與孩子，我的確有許多話想說，可是我沒有訴說的對象。

後來隔週的演講，我沒有選用孩子的主題，我自己沒有把握我可以用親子故事吸引聽眾，但是這卻是一場令我印象深刻的對話。

書中的主角

　　我的孩子叫小馬，他是一名幼年時被評鑑遲緩，在入小學後確診 ADHD 注意力不足過動症的孩子。在育兒的旅程上，我經常覺得自己是個失敗者，因為我周遭的人不時會問我：「妳是怎麼教他的？他怎麼會這樣？」。坦白說，會用疑問句的還好，最令人洩氣的其實是收到指責，像是：「就是因為妳很ｘｘ，他才會這樣。」

　　「就是因為妳很忙，下班後也不好好顧，他沒有人陪伴，才會這樣！」這個類似的句子可以無限延伸造句，而起因似乎都是因為我。

　　的確，許多出現問題的孩子，他的行為表象反映的是家庭的狀態，但是也有些不同的孩子，需要特別的方法，才能被驅動。有些孩子天生就生的好，也有些孩子卻是生下來，反過來在雕塑父母。

　　那一年與神明對話之後，我開始勤快的在個人社群媒體上更新我與小馬的動態，對我而言與孩子一起成長的每一天都是新的體驗。除此之外，寫出來，也是一種心情抒發，因為每個家庭都有它的困難與壓力，尤其是養育一位過動兒，它帶來的生活挑戰更是加倍。

　　這本書的素材，圍繞著我與小馬的生活和對話，不是只有過動兒令人崩潰的地方，有時候會看見孩子面對事件的反應跳脫框架，與大人有極大反差，常有令我意想不到的亮點與值得反思的驚奇。

這不是一本教養書

如果你想從這本書中得到「跟著我這樣做，狀況就會改善！」的魔法，那麼，很不幸，我必須告訴你，這不是一本親子教養書，也不是一本母親使用說明書。我覺得它像是一本「魔法筆記本」。讀著我與小馬的故事，或許你會在某個篇章，遇到了不同時空中的你的孩子，甚至是當年的你自己。

我的確曾經很想以過來人的身份，來分享些什麼，這也是我想要寫這本書的初衷。但是最後我發現，即使同樣是有 ADHD 症狀，每個孩子的特質和時區不一樣，每位家長的觀念和能力不一樣，每個家庭的環境和資源不一樣，並且遇到的老師和醫生也不一樣，我很難用一個說法來告訴別人：「你應該照這樣走就對了。」

養孩子的過程，其實就是讓我們再次踏上重新長大的英雄路。每個人的英雄路不同，我自己的英雄路，就是打帶跑，走一步算一步，看孩子的狀況，參考專家的建議，多閱讀，並持續的調整。不只是調整孩子，更大的部分是重新調整自己，甚至我也嘗試拿掉那些自己小時候曾經不喜歡被對待的方式，讓它不要復刻到現在的親子關係上。

希望這本書也能成為一道光

在本書的最終，我送給讀者十個讓親子安心的魔法儀式，很適合帶著孩子一起練習，也真的是我與小馬在經歷困難的一天之後的減壓法寶。有時候，面對壓力也只能靠自己舒緩。培養自己和孩子

的自癒力，這件事不用等著醫生開藥或是專家諮詢，我們可以自己學習。

　　寫到這裡，我知道你或許好奇，還是想問：「這本書真的是被神明開示後才寫的嗎？」

　　哈哈，不是的。我甚至無法確定當時與我對談的真的是神明？！但是當祂說：「你們來找我，都是重要的，你們的事就是我的事，沒有大小之分。」剎那間，我彷彿看到了一道神光從祂的身上發出，因為祂的語氣是如此的溫柔與祥和，沒有半絲批判，我的不安被祂深深地接住了。

　　連大人如我，在迷惘時，都希望有這麼一道光，可以引導著自己前進，更何況是孩子？我相信當時如果和我對話的，只是我的朋友或家人，而他們能好好傾聽我，我都會感受到那股支持的力量。也或許，那道神性的光芒一直藏在我心中，我只是需要找到屬於我自己的魔法，先讓我自己發光，我也能成為引導孩子的光。

　　這本書，是送給和我一樣的父母親，以及任何需要勇氣跳脫框架的讀者。我希望各位也能從本書找到自己天賦的神光，創造屬於你們親子間獨一無二的魔法。

　　為人父母，我們或許不是專家、也不是受過訓練的老師，但都應該是自己孩子生命中的引導師，因為，這個角色，沒有人比我們更適當。

PART 1

正視孩子的不同，
從覺察他的困難開始

―――――――

一位特殊兒他真正的困難，不是不想做，而是做不到。

孩子,你就是你自己

在浩瀚無際的宇宙中,每一顆星星都不一樣。

在地球上,每一顆石頭,和每一片葉子都不同。

養育一個孩子,就如同我們在自然裡,孩子的不一樣,其實才是恆常。

我的孩子,小馬,我想要告訴你,當一棵大樹或是小樹都沒有關係,你,就是你自己。

世間萬物,都是獨立的個體,你就是你自己。

# 遲緩不是病，它是一種狀態

「就是因為妳很忙，下班後也不好好顧，他沒有人陪伴，才會這樣！」

「就是因為妳太寵他，沒有給他機會練習，他都不用自己來，所以他才不會！」

我的孩子是遲緩兒、過動兒，他的發展和別人不同，這一切所造成的原因真的是因為我嗎？類似這樣的話語，從小馬出生以來，不斷的從別人的口中傳遞到我的耳中。它重重的壓著我的心頭，讓我幾乎喘不過氣來，別人的話說的輕鬆，但是聽在我耳裡，就像是一句句的審判。即使我是再樂觀正面的人，也不自覺的成為一個帶有罪惡感的母親。

這真的是我的問題嗎？

時間倒轉回十年前的秋天…

「醫生，他到現在都還不會翻身，已經七個多月了，整個身體還軟軟的！」

小兒科醫生抱起在診療床上的小馬，一手扶著他的後腦和脖子，另一手拖著他的屁股，用手上下輕輕地拋接著，逗的他咯咯的笑。然後摸了他手腳的肌肉，再摸了摸脊椎，以及頭顱，望向我說：

「我們再給他一個月時間吧！現在他的身體和背部是比較軟，但還是讓他自己試試，你們掛一個月以後的門診再來。」

剛生下小馬的第一年，最緊張的時刻莫過於每月固定去醫院兒科健檢，我真的很不喜歡去醫院，除了排隊的時間令人無法掌控以外，我更不喜歡的是，他發展的狀況不照進度走，總是不如預期。每一次看診，都給了我一些壓力，好像在等放榜。

發展不如預期？一切只是剛開始

「妳或是家人是不是太常抱他了啊？」
「我感覺他有點懶耶，都不肯動。」
「妳把他放在墊子上，不要太常理他，他自己會有辦法。」

我身邊有經驗的媽媽好友們，看到小馬的狀況，紛紛好心給了我許多意見。

我是高齡產婦，懷孕生子前後那幾年，剛好是我工作發展到一個新高度、最忙碌的時期。負責海外業務的我，除了正常朝九晚五上下班之外，每天晚上回到家匆匆地吃了晚飯，因為有日夜顛倒的時差，晚上八點多國外的同事又等著我上線開會。從生產完的第三個月開始，我就開始出差，因為負責業務的國家很遠，每一次出差至少都二到三周，和大多數蠟燭兩頭燒的職業婦女一樣，我實在無法得知我的孩子，他的白天是怎麼過的。

「我有很常抱他嗎？」我自問。其實我很愧疚，我抱他的時間似乎只有每天剛回家的那幾分鐘，或是洗澡時、睡覺前，甚至我可以陪他玩的時間也只有周末。大部分的時間，他是在嬰兒床裡的。

再加上小馬也有比其他寶寶過重的問題，我不在家時的主要照顧者是我母親（小馬的外婆），在一次把他從床上抱起身的動作中不慎扭傷腰，她傷後躺在床上長達一個月之久，她連自己健康都出問題了，我如何能再去質疑好心幫忙的長輩是不是太常抱小馬了？或是她有沒有好好訓練他？

　　又過了兩個月後，小馬九個月，我例行帶小馬再回到了醫院，在這段期間，他有試著翻身過去、卻翻不回來。同期的寶寶在這個時間點，已經自己會翻正坐好了，有些快一點的甚至想要爬起來站了。

　　醫生再摸了摸他的身體，觀察他在墊子上的動作，和我說：「他的確是比較慢，肌肉張力不足，而且他的頭太大了，超標太多，可能幫他安排照一下腦部超音波。」

　　腦部超音波的結果並無異狀，他沒有水腦，似乎也看不出來其他問題。醫生只說寶寶成長的狀況可能跟家族遺傳基因、自己本身大腦發展的狀況、或是日常環境以及不可知的因素有關，雖然很多寶寶就算沒有特殊訓練，時間到了自然就會有許多動作發生，但是既然已知他比較慢了，醫生也建議我，直接掛兒童復健科然後接受評估檢查。

　　光是等著約第一次的評估日期，就等了快三個月，等到他接近一歲。在這期間他終於會坐了，但是仍不穩，而且很不喜歡爬，更別說能站起來了。為了訓練他的肌力，我也買了許多網路上推薦的玩具，只要有時間就逗他玩、鼓勵他爬行，可是他的進步真的很緩慢，令人洩氣。

　　小馬滿 12 個月的那一天，我收到了醫院正式的評鑑報告，與一張發展遲緩證明書。復健科醫生和我說，他的程度落後同齡約在百分比的最後 3% 之內，他是一個低張兒（低肌肉張力），最好是即刻開始排隊接受早療。

孩子的成長不照進度走，這是誰的問題？

小馬滿 2 歲時，我們已經在前一家醫院做早療一年了，我們又再做了一次相同流程的評估，因為除了低張、動作遲緩，他的語言發展更堪憂。我還記得在評估的過程中，當時那家醫院的兒童早療主任看著資料跟我說：

「妳看吧！他在白天學習精力和能量都旺盛的時候妳都不在家，妳把他留給老人家，等妳回家了，妳想面對了，但他也沒有力氣學了。妳自己可以回想一下這整個歷程，妳給了他什麼樣的環境，是什麼樣的因素？造成他現在能力的低弱呢？妳自己要想一想。」

被她這樣說，我的臉漲紅著，當下的感覺是很複雜、挫敗的，甚至是有些羞愧的。沒有一位母親會想要聽到自己的孩子被說「遲緩」和「低弱」，我也不例外。也沒有一位母親會喜歡被這樣赤裸裸地的言語質問自己是否盡責。畢竟，可以全職全心照顧小孩，那也是需要母親本人某種程度的犧牲，很大的一塊是直接放棄自己的理想與養家的收入。每一個家庭的結構組成都不同，她的話語，或許來自於看過太多的個案的總結，但是也並沒有全然客觀的涵蓋了每個孩子天生不同的異質性。早療主任的視角與職業，與我的立足點不同，她當然不需要考慮我的感受。

在多年以後我才理解，<u>「遲緩，它不是病，它是一種狀態」</u>。除非是重度的身體、器官問題或神經疾病，否則嬰幼兒的認知及發展能力是動態的，而且是具有可塑性的。孩子不照發展表的進度走，因為他是一個獨立的個體，先天上有著構造與體質的特性，就跟在公司裡管理要上市的產品專案一樣，也有著各種可控不可控的因素，產品也有可能會延遲上市。

孩子的問題或許不見得是家長造成的，
但絕對是家長的責任

身為一位父母親，如果你已經覺察到自己孩子的不同，並且開始向專家求助，請相信，你就是走在為孩子改變、替他找幫手的路上。

面對所有來自專家的意見，像是學校老師、醫師、治療師，可以把他們當成自己的顧問群，持開放的態度，不需要害怕，並且積極提問。因為你自己，才是孩子專案發展計畫的主要決策者。

不管是什麼問題，一直停留在那個懷疑自我、過度有罪惡感的狀態，其實對自己和孩子都很不健康，並且沒有助益。

也是多年以後，經過了許多的學習以及自我調整，我才慢慢釋懷，我們很難去得知造成孩子遲緩、發展異常或是過動症等，種種不同病症的先天因素是什麼，有可能是遺傳、染色體、環境荷爾蒙、或是腦部發展的未知情況，身為家長一直在懊惱過去也於事無補。我們可以把握的是，在當下，站在我們面前仍然是一個可愛、天真無邪的孩子，他是我們獨一無二的寶貝，他需要自己的父母親，來引導他的成長，這是天職，沒有他人比我們更適合。

家有特殊兒最重要的課題是，家長要能比別人先正視、理解和接納自己孩子的不同。或許說來容易但做到難，但是請相信每一個孩子的身體都有很大的自我發展與調節空間，有時改變自己會發生，只是需要時間。

現在，只是剛開始，身在現在，卻悔恨過去與擔憂未來，只會讓自己和孩子更辛苦。當你能用更高、更遠、更廣的角度去看待和包容自己和孩子時，或許，你就不會這麼容易焦慮了。

1.2 大隻雞慢啼，真的是這樣嗎？

小馬兩歲半時，我們和外公一起去北京探親。

「魚～」在北京萬豪酒店，小馬面向著大堂裡氣派的、一整面牆的大水族箱，臉貼著玻璃，興奮的跳著叫著。現場的服務人員看著他圓滾滾的小身軀跑來跑去笑笑的和我說：「妳兒子真可愛，這麼小就懂得欣賞魚。」

我聽了只能苦笑，因為繼小馬在兩歲左右終於無意識的開口發出了「媽」的聲音後，無論我再怎麼教，他的嘴巴都不為所動，後來索性連媽都不叫了。直到某一天晚餐時，小馬看到他的外公在餐桌上費力的撕咬著魚頭、挖出了魚的眼珠，啃著露出魚刺的骨頭時，他突然開始嚎啕大哭，因為被眼前魚頭和魚身分屍的情景嚇到了。

接著小馬的手指向客廳裡的水族箱，他平常最喜歡看外婆餵魚了，他的嘴巴很吃力的吐出了個「魚……」字，彷彿外公吃的是他最喜歡的寵物。於是，「魚」就成了小馬兩歲後開口唯一會說的字彙，就這樣又持續了好幾個月，再也不肯講話。

誰說他不會說話？妳太急了吧！

「姨～我是阿姨，小馬來，我是大阿姨，她是小阿姨。」

小馬在北京的大阿姨，第一次見到小馬，一把抱起了他，靠在自己的肩膀上，手指著小阿姨，又指向她自己，想要教小馬怎麼稱呼她們。如我

所料,他不肯開口,只是打量著眼前這兩位神韻很像媽媽的女人。

「他目前只會發出魚的聲音,他還不會講話,他連媽媽都不肯叫。」我在一旁幫忙和阿姨們解釋為什麼他不肯開金口,希望她們不要介意。

「魚~」、「魚~」小馬又發了一兩聲不太標準的一聲魚,我沒有理會。

猛一抬頭,我看到了小馬的小阿姨正站在他面前擠眉弄眼做著鬼臉,小馬抬手揮舞回應,眼光落著的地方不是大廳的水族箱,而是眼前的阿姨,我突然心裡一震,吶喊著:「等等,你剛剛叫什麼?」

「阿~魚~阿~姨~」這次我們都聽清楚了!

「唉喲!乖!小馬好乖!你真的認得我是姨了?你看吧!誰說他不會說話?他一教就會,可聰明的!」

在那個時間點,我以為,小孩只要肯開始講話了,其他一切都會開始循序漸進。後來我才知道,小馬是一個一直有自己節奏的小孩,語言遲緩,只是其中的一個行為能力的落差而已。

不要錯過黃金早療期,這才是當務之急

沒有等到兩歲半,在小馬近兩歲時,我們已經開始了語言治療,因為根據發展手冊,如果一個孩子在二歲還沒有任何語彙出現,那就算是發展異常。

有人說:「大隻雞,慢啼。」但我的心中卻是百般的焦急。

大部分的親人朋友都和我說不要急,慢慢來。也有長輩不喜歡我常常

1.2 大隻雞慢啼,真的是這樣嗎? 39

帶他去醫院，覺得那是不必要的舉動。但是我認為身為母親，面對自己孩子的狀況還是要有一個科學的頭腦，與清楚的判斷力，不能盲從。

因為，說「不要急」的其他人，或許只是為了安慰自己，但是他們從來都不需要對我的孩子負責任。

雖然在小馬幼年時期，我不會知道他未來的發展曲線是否會正常，但是當下發現他有行為能力的異常，馬上看醫生，這是非常正確的決定。

每一個不同的孩子可以有自己生長的節奏，但是必須給予的刺激和協助仍是不能停止。現在回頭看，小馬整個語言早療的過程費時近兩年，從他兩歲到四歲，對他的助益十分大。而在陪伴他參與早療的訓練中，我也學習到許多的引導方法，可以讓我在日常養育中更得心應手。

大隻雞，可以慢啼，這絕對沒問題，但是孩子的早期治療有黃金關鍵期，千萬不要因為輕忽而造成問題，這才是當務之急。

==每一個孩子都有自己的節奏，體會孩子獨有的節奏，不需要太過強制的拉著他拼命追趕跑，但是萬一拖拍太嚴重，必要時，也要幫忙推他一把。==

凱西的打氣站：

1. 常帶孩子出門，接觸不同的人事物和環境，也有助於刺激孩子的感官語言發展。

2. 孩子就算還不會說話輸出，他的眼睛和大腦也持續在觀察輸入，就像是他正在建構屬於自己的資料庫一樣。如果你的孩子有某個特定部位的發展異常，除了治療問題本身，也不要放棄其他感官與部位的開發，最終它們都會有所連結，都在幫助大腦學習。

1.3 到底是敏感體質還是注意力缺失？

老一輩的人常說，年紀小的孩子體質較純淨，天眼還沒關，所以比較能感受到一些大人看不到的東西，像是來自其他次元的訪客，或是投胎前帶來此生的能力。坦白說，我自己在旅行轉換不同的空間時，體質也相對敏感，我並不排斥這樣的說法。

小馬從四、五歲起開始不愛睡覺，他會故意在澡盆裡玩很久，或是藉口玩具找不到，即使強迫他上床，他一下說：「媽咪，我好害怕，我不要做怪夢。」一下又說：「媽咪，我看到很多……。」

有時他甚至在睡著後的不到五分鐘之內，會不停的手腳顫抖抽動，如果抖太厲害了，還會突然把自己嚇醒，然後就大哭更害怕不想再次入睡。

你家也有這種所謂的「敏感體質」或是懼怕夜晚，容易有「睡覺逃脫症」的孩子嗎？

六歲時一次瀕臨靈魂出竅的經驗

小馬大班時的一個夏天傍晚，我從幼兒園接了他下課，我們母子倆先去公館的運動鞋店，逛完經過了飲料店時，我看了眼身邊汗珠如豆大般從額頭落下的小馬，於是我停下點了杯特大的白玉歐蕾給他，我平常不給他喝手搖飲料的，但是那天忘了帶水，實在太熱了。

當時是接近下班時分，紅茶店的騎樓下已經有一條人龍在排隊，整個街滿滿都是人，小馬乖乖的站在我身後，和我一起等飲料。

「喔咿喔咿～喔咿喔咿～」突然間，一陣急促的警笛聲接近，一台救護車倏地停止在距離我們不到 10 公尺的對街，汀洲路其實是條小巷弄，救護車的音頻在近距離格外刺耳，好像耳膜都要被震破了，它的後車門打開才不到三分鐘，我好像看到有擔架被抬下和上，突然車門一關，「喔咿喔咿～喔咿喔咿～」，轉瞬之間，救護車又急駛而去。

此時我突然感覺到背脊涼涼的，我一回頭看到小馬正轉頭、用飛快的速度在街上追著救護車離開的方向狂奔，他從小肢體協調性不佳，跑步不但慢而且姿勢有些滑稽，但是當下他雙腳跨開跑步的姿勢居然敏捷的像一頭在草原中奔馳的豹，在人群中向右向左的穿梭，雙手好像要伸出去抓什麼東西一樣，完全不像他平常的樣子。

我大喊：「小馬！小馬！小馬！」連著三次他都不停，於是我拔腿跟著跑，用接近吼叫的聲音，一個字一個字的再大喊著他的中文名字：「劉 xx！劉 xx，你停下來！」

此刻的我已經在街上追著他約 30 公尺了，突然間他止住腳步一動也不動的停在原地，我以為他終於聽到我叫著他的名字。等到我跑到他的身旁一把抓住他，發現他的目光渙散，完全是失神的狀態，身體軟軟的像一顆洩了氣的皮球，和剛剛判若兩人。

「你怎麼了？你怎麼了？你為什麼跑離開媽媽！」我死命搖著小馬的肩膀，語氣急促的逼問他，我的心臟被他怪異的舉動嚇到好像快要跳出來了。

「我不知道……」講這句話時，他的臉色一反平常可愛純真的神情，有些陰森地、嘴唇發白、望向遠方。

我該帶他去拜拜，還是？

回家後我打電話給人在外地工作的先生，和他說了當天的情況，他認為可能只是中暑，熱昏了！但是也不排除他可能比較敏感，因為有救護車經過，或許被嚇到了，他提醒我去拜拜。

老實說，我考慮要帶小馬去收驚，而且不只他，我覺得我也要被收驚。那天晚上我翻來覆去沒睡好，這超出我可以猜想的範圍。

那個周末我帶他去松山的慈祐宮拜拜，當我正向媽祖娘娘報告這件事時，他突然拉了我的衣服，叫我別再說了。才六歲的小孩似乎開始有了一個不想提的祕密，讓我感覺很不舒服，但接下來幾天他又看起來十分正常，所以這個事件就被我暫擱在一旁。

早療治療師和特教老師的觀察

「媽媽，我發現他有時候做一件事到一半會有斷片的情況，我看的出來他不是故意的，妳有覺察到嗎？我建議還是要幫他掛心智科，看要不要照腦波。」有一天我突然想起了早療老師曾經在他四歲時告訴我的話。

四歲時，他接受全身麻醉照腦波，醫生確認他腦部沒有不正常放電，但是回家後長輩對我十分不諒解，覺得我為何小題大作讓他被麻醉？

六歲最後一次幼稚園與特教輔導老師的 IEP（針對具有特殊教育或相關服務需求之學生所擬定的個別化教育計畫）會議中，特教老師也告訴我她觀察到小馬有類似的斷片狀態，雖然我告知不但照了腦波，為了全面評估還做了 MRI，排除了腦部病變問題，她還是希望我持續關注。

我又回想起，小馬在美國洛杉磯機場其實也曾經有過一次走失紀錄，

那次我只是抬頭東張西望找廁所，但是一回頭，他也是瞬間人就不見了，嚇得我以為機場有人口販子，最後還出動警察把他找回來。

考慮到無意識跑開這個行為已經危及安全，萬一在大馬路上被車撞到怎麼辦？所以我決定帶他去看醫生，我想要確認這是不是身體的問題，雖然之前的檢查暫時排除了他有癲癇的可能，但是他的無意識行為，除了讓我出門神經十分緊繃外，也常常自責自己沒有看好他。

這已經不是去收驚，尋求安心就可以解決的，這是人身安全的問題。

不要小看孩子行為異常的狀況

在接下來的幾次求醫後，小馬於小一上學期確診 ADHD 注意力不足過動症，他有顯著注意力缺失的特質，而這樣的特質或許可以說明為什麼他常常有恍神的狀態。

國小一年級的導師說，小馬像是在班級裡的客人，就像是大部分的時候，他的人坐在教室內，但是靈魂不在那。

醫生說，睡眠品質不佳或是有睡眠障礙問題也可能加劇 ADHD 在白天的症狀，其中之一就是有可能短暫的失去工作記憶，也就是老師觀察到的突然斷片狀態。只是醫生沒有正面告訴我，小馬上一次疑似被救護車警笛聲勾魂的情況是不是和 ADHD 有關，他只說患者的確很容易被突來的尖銳聲音影響分心、被干擾或甚至做出衝動且怪異的舉動。

故事說到這裡，你和你的孩子，是否也曾經遇過類似這樣，無法用科學觀點解釋的靈異事件呢？

我認為，如果收驚儀式可以真的收攏孩子的心神，讓做父母的你安

心，那就交給這股冥冥中的神聖力量吧。

但是我想要表達的是，當孩子的狀況已經危及安全或打擾到平日生活、睡眠和學習，或許他不見得只是確診 ADHD，也可能是有不正常放電的癲癇問題，甚至是睡眠障礙、睡眠呼吸中止症等造成的缺氧而腦部受損……等許多我們不懂，已經超出父母常識範圍的認知，那麼，求醫是一個以科學方式檢視的重要選項。

不要小看這些看似超自然的狀況，或許，它不僅只是因為孩子擁有的敏感體質而已，也可能是他的身體和大腦透過這樣的行為正在和我們發出求救訊號！

延伸閱讀與探索

先不論這是科學還是玄學事件，如果我們單純的以身心健康面來思考，孩子白天的精神狀態，大部分與晚上的睡眠品質有關。不管白天面對什麼事件，晚上能好好睡覺，都有助於孩子在白天有更穩定的表現。

可以參考本書第八章 p261，8.4「簡單的深呼吸靜心」練習。好好呼吸，能改善我的們睡眠品質，也有助於創造白天更好的生活品質，對於容易精神不集中的狀態也有幫助，別忘了試試看喔！

1.3 到底是敏感體質還是注意力缺失？

1.4 媽媽，我不是故意交白卷

「你為什麼考 17 分？你通通都用猜的。」

「媽咪對不起啦！」

「不要和我對不起，你根本沒有心考試，選擇題你打 o 和 x，填空題你寫 1、2、3 還一路寫到 10。你為什麼該考試的時候不考試？」

「我……我不專心嘛……我下次會改進。」

「你這是藉口，找理由，不要來這套，下次還是一樣用這個理由，你不喜歡考試就放空，不理它，你明明都會，你知道媽媽看到你連寫都不好好寫會很難過嗎？」

「不知道，媽媽對不起啦，我下次一定會考 100 分。」

「我不要你考 100 分，我只要你盡力做答，寫你會寫的，考不及格都沒關係……」

這樣的對話場景，在小馬上小學後，我們彼此間一直重複著，我不是一個只要求分數的媽媽，但是，看到他不好好面對考試的態度，真的很生氣。而對於小馬來說，他也說不上來，為什麼他沒辦法考試，他不是不會，就是看到考卷，有困難面對。

孩子考不好，他需要對誰負責？

小一上學期，小馬還搞不清楚什麼是考試，而且上課也常常在放空，一開始我覺得跟不上還好，以為只是需要時間。

小一下學期，我特意停了課後安親班，因為安親班的老師面對小馬寫功課時無法專注、有時發出聲音，會處罰他坐在教室外的走廊上。在幾經考慮後，我請了課後家教哥哥取代低年級時的安親班。一方面時間有彈性，而且可以針對學習比較困難的科目加強，最重要的，不用長時間留在安親班，小馬放學後也能有多一點的休息。

小馬的第一位家教哥哥很負責，但是小馬每次在家複習時懂了以及會寫的功課，卻老是經不起考試的檢驗，不是真的程度只有十幾分，而是他根本無法考試。

每逢期中、期末考前後的日子，就是我們全家都很緊張的日子。考壞了，罵不是、不罵也不是，因為他總是一臉可憐無辜的樣子。我也知道不該太苛責，但是我無法理解他不是不會，為什麼卻要這麼不在意？

我印象最深刻的一次，有天下班回家，聽到自己的母親（小馬的外婆）很兇的對小馬說：「你如果再考這種分數，外婆不理你了，這明明都是我們一起複習過的，我們花了一整個周末一起做，這種題目你都會啊！下一次這種題目再錯，我一題打一下！」

外婆年輕時曾經當過小學代課老師，算是很會教功課，她在教養我和兄長這一代時都是奉行著「嚴厲管束」的方式。

我不能說她有錯，因為那是上一代人被傳統教育的方式，我和兄長們也都在她的教導下品格端正的長大了。但是聽到這段她告訴小馬的話，我

知道她只是嚇他，但是我突然發現，或許我們這些大人真正在意的，不是孩子為什麼考不好這件事，而是，我們都付出了大量的時間陪伴，但這樣的時間，卻好像是丟進了水裡，完全對他的成績起不了漣漪。

是否，我們生氣懊惱的是「孩子，我花了這麼多時間教你，你都不珍惜，你要怎麼對我的時間負責任？」

才七歲，孩子並不懂得要對自己負責，而我們卻要他對大人的時間與難過負責？針對這一點，我在後來對待小馬的成績討論，有特別放在心上，提醒自己，<u>親子溝通，不要把自己的失落放進去對話，聚焦在「他」為什麼不會，而不是因為「我」浪費了時間。</u>

找出放棄考試的真正原因

小馬在二年級期中考後的一個月，又歷經了一整個月在學校有狀況的日子，那一次，不是考 17 分而已，那一次，從期中考後，他已經連續三個星期，不管什麼科目都交白卷了。

國語和數學考試卷上，充滿了他畫的橫線，但是沒有任何答案，即使是他會的，也不寫，連他唯一比較能掌控的，不用看完整題型的國語圈詞，他都不肯寫。

2022 年 1 月，我再次拿了一張老師填完給我的「兒童學習評量圈選表」帶著小馬回去醫院。老師如實作答，那張評量表上有著滿滿的打勾，都顯示著他對班級運作產生極大的困擾，我想不看見，都不行。

距離上一次離開醫院，已經過了一年。因為小一上學期，前一間醫院的兒童心智科醫生在初診的情況下，沒有和我多做解釋，就將小馬確診

ADHD 並且直接投藥，我無法接受這樣急率的診斷，而我之後也沒有讓他服藥，就停止就醫了。那間醫院我後來沒有再回去，但是這一年小馬不能好好學習的情況越來越嚴重，我只好換了一間醫院。

我總是認為，將孩子評估為某種診斷，貼上標籤，不能只看老師、家長的兩張圈選表，以及醫生只給十分鐘的晤談。它需要整體一段時間的評估，以及參考孩子的日常表現，更何況是給孩子吃中樞神經興奮劑？我當時不了解造成所謂的過動症，它呈現出來的徵狀與背後原因為何，它並不是驗血或是診斷腫瘤細胞，從實驗室來的數值非黑即紅啊。

只是，經歷了小馬二年級上學期的拒考情況，我更擔心的是他的心理狀況，我只想知道，我還可以做些什麼來幫助他？可以不要讓我們繼續困在這裡。如果醫生能當我的明燈，不管什麼樣的方式，我都願意試試了。

於是，我們帶著所有之前的報告，換到了台大醫院的兒童心智科。在經過了近兩個小時的測驗、學習行為狀態調查，以及在正式看診前還另外有醫師面談溝通後，我才明白，原來有 ADHD 注意力不足過動症的孩子，也會有許多其他合併性的障礙。除了注意力不足，也可能同時有著閱讀、寫字、表達、計算等能力等的落後狀態，而這樣的疑似學習障礙情況，會讓孩子在學校喪失自信，並且無法融入團體。

對應到小馬的症狀，他從小學一年級的不知天高地厚、亂寫考卷，到二年級的不肯寫考卷，其實並不是只有無法集中注意、不在意的問題而已。他在潛意識中知道自己無法應付在時限內閱讀考題，並且害怕經由考試的結果，又再次被定義與被大人責罵。

他不是不在意，只是他對於學習，意願低落。

最後，我接受醫生建議，選擇了讓他服用藥物，它是一種針對ADHD孩童服用的短效中樞神經興奮劑「利他能」。它能在小馬就學的四個小時間發揮藥效，讓他得以專注，完成眼前的學習。在那個時間點，我必須坦白，對於使用藥物，我仍是有很大的疑問。在後續的章節，我會補充我對於用藥的看法。

那一學年，小馬最終得以完成了期末考，而我，也試著不去在意考試的結果，只要他肯面對考試，就是進步，我應該給予肯定。

還記得我在二年級上學期的期末考前一天，晚上特意讓他早早上床睡覺，並且告訴他：「不要擔心，你只要把題目好好做完就好，如果碰到不會的就跳過去。不管你考幾分，媽媽回來都會抱抱你，好嗎？」

凱西的打氣站

不要害怕帶孩子就醫，如果對一家醫院的診斷有質疑，也可以換家醫院、換個醫生，多方尋求看法，謹慎是必須的。除了心智科醫生外，也可以求助復健科醫師以及心理諮商師，多管齊下。請記住，你是孩子的專案管理師，你擁有最後的決策選擇權。

延伸閱讀與探索

在我十分迷惘，不知道孩子的考試是什麼情況時，王意中心理師的《學習障礙》這本書接住了我，不管孩子是不是學習障礙，只要有學習上的困難，都推薦閱讀。

1.5 老是無法控制自己的嘴巴

　　「媽媽，他今天有沒有吃藥？因為他整個早自習都在重複模仿同學講話，而且 2 號同學昨天教他講了一句把小雞雞吃掉這種髒話，他今天早上就重複這句話講了十遍，他旁邊的女生都快崩潰了，他的人緣已經夠不好了，再這樣下去，我怕他真的沒有朋友耶！請問這種情況，妳要不要問醫生？講不聽啊！還是我今天讓他回家罰寫『管好自己的嘴巴』10 遍！一直罰寫到週末，把痛苦感拉長，你同意嗎？我真的希望他記得！」

　　接到這通電話時，剛好在人在公司開會。看到手機有學校來電顯示，緊張了一下，馬上衝出去接，電話那頭老師傳來急呼呼的聲音訴說著他的狀況。我可以理解老師的心情，也感謝她沒有用當眾處罰的方式，來加深其他同學對他的厭惡感，只是，要我問醫生什麼呢？醫生又能怎麼辦呢？

　　醫生最常告訴我的就是：「等他長大！」

過動兒的痛，不聽使喚的大腦和嘴巴

　　就算同是 ADHD 注意力不足過動症的兒童，他們的日常顯狀還是因人而異。小馬還未發展成熟的這塊，除了像回聲一樣的會重複別人的講話，在上課的時候，有時在唱歌，有時候又會自言自語，容易干擾到他人。

　　他沒有辦法停下來專注地傾聽，並從大腦接收後分析給予正確指令反應。他的痛就是人際關係，跟不上群體對話討論的速度就算了，偶爾為了表示他也有投入，會講一段完全和同學或當下討論主題沒有相關、不合時

宜的話來吸引大家注意。這，又完全的暴露了他的短處。

但是這樣愛講話的短處，搬到了美語教室，又成了長處。

當天下班後我去美語補習班接他，主任熱情的和我說：「媽咪，小馬真的好可愛，很積極耶，而且外師問問題，他都第一個舉手做答。」

「真的嗎？可是他會不會打擾同學？因為早上學校老師才說他在班上亂講話，人緣很差，大家都討厭他。」

「環境和帶課的方式不一樣吧！如果有同學在這嫌他搶答，外師反而會鼓勵其他人說，叫大家都勇敢搶答，學英文就是要敢講，所以我們這邊不會有排擠的現象，妳不要太擔心啦！」

我是沒有過度擔心，只是面對各種不同的回饋也有些彈性疲乏，我已經不再因為回饋是批評或是讚美而容易波動心情，因為理解自己的孩子是過動兒，他的特質之一就是「表現不穩定」。學校和美語補習班的環境不同，人數多寡也不同，對於孩子和家長溝通的立足點更不同。比在意別人想法更重要的是，我必須要先了解自己孩子本身的想法。

讓孩子面對自己的狀況，認識自己

晚上睡前，我和小馬聊了早上老師打電話給我的事，又問他自己是否知道自己的狀況？他先是辯駁說另一個同學也有講，而且叫他一起講。我又問了他，那你覺得自己這樣是對的嗎？他沒有說對與錯，只說：「因為我有 ADHD 嘛！」

「好，我們都知道你有 ADHD，但是你還是要知道學同學講髒話是不對的，而且一直重複，打擾隔壁同學也是不對的。」

「我知道啊！可是在學校是 2 號要我跟著講啊，我就是沒有辦法控制我自己嘛！」

「所以你知道不對，但是你的大腦無法控制，你可不可以告訴我有什麼事是你可控制的？」

「我可以控制……嗯……我想想，第一，我可以控制我想要黏著媽媽，第二，我可以控制電視遙控器，第三，我可以控制怎麼玩 switch，第四，我還會控制爸爸的高爾夫球桿耶……」然後他就說他想不出來了。

「沒關係，今天先這樣，但是小馬，你覺得不要學別人講一些不好聽的話，控制嘴巴這件事，有沒有比控制爸爸的高爾夫球桿難？」

「好像沒有耶！」

「那你要不要明天去學校試一試，讓大腦發揮一下他的能力，看看可不可以增加第五項，告訴自己我可以控制我的嘴巴？我們一起把這個控制清單用筆寫下來，這樣是不是會讓你自己在學校裡好過一些，對嗎？」

「真的耶！好，我明天試一試！」

或許，到了明天，同樣的情況它還是會發生一遍，小馬還是無法控制他的嘴巴。但是至少我想要讓他認識自己，明確知道自己到底發生了什麼事，以及面對自己，不是只會把這些不合宜的行為怪罪到 ADHD 的症狀上。或許要講一百遍、一千遍，他還是會忘記。因為我們，對抗的是那個不受控的大腦。

但是我相信，利用提問和溝通，鼓勵他自己思考與回答，去協助他啟動「行動前先想一下」的能力，一次、二次、三次、甚至到一百次……上

萬次，堆疊之下，這些訊息仍是會在他的大腦中留下痕跡，也希望某一天那個「行動前先想一下」的連結開關會突然打開。

再者，過動兒因為自我控制能力的不足，所以往往會產生其他的共病，像是被團體討厭而產生的自卑感。如果很不幸老師在眾孩子面前沒有適時的疏通開導，只用公開處罰息事寧人了事的話，就會更加深孩子自我價值的損毀。所以，他必須比別人都深刻的認識自己，知道自己的症狀，而這些症狀，是有機會去努力改善的。

協助孩子認識自己，具有自我對話的能力，也是建立自我價值觀的開始。

延伸閱讀與探索

1. 推薦親子可共讀的《戰勝過動症》這本外文翻譯書，作者為凱莉米勒，可以讓孩子更了解怎麼對付 ADHD 這個奇怪的大腦，以及讓父母親和過動兒討論問題的方式與遊戲，對於不知道如何面對 ADHD 過動症的家庭，很實用，而且有趣！
2. 也可以參考本書第八章 p257，8.3「大腦的五個抽屜」，引導孩子一起練習，用圖像式的作法提醒孩子的控制行為，讓孩子有意識的提醒自己，達到在日常更好的表現，可以試試看喔！

1.6 不管怎麼練習還是很難看的字

三年級開學後，我們在住家附近找到一個新的職能物理復健診所，它有兒童復健中心，週六早上還可以上課，所以我平日不用特別請假帶小馬去。尤其麥當勞就在治療所旁邊，親子倆還可以有溫馨的周末早餐時光，這真是太方便了！

這個時段原本是英文課，但是才上了三個月就停了。小馬在疫情間曾經上過兩年外師的線上課，原本他的口語能力因為過動的特質算是不怕講、也愛講，在入補習班前的程度測驗，有評測在同齡的中級左右。但英文實體上了三個月後，補習班學務主任認為他跟不上，因為他寫的英文字，字母老是「b、d、p、q」，寫倒反，無法照橫線格子寫、空間配置有問題就算了，字體還忽大忽小、像鬼畫符一樣常常看不懂。主任希望他可以退回基礎先修班，從 ABCD 開始重新學起，她認為教學內容簡單一點，至少他可以多花一點時間先練習把字寫好。

我聽了補習班主任的說詞，決定先暫停補習，因為這算是才藝學習。如果寫的不好，難道只先學英文聽、說也不行嗎？我對於硬要齊頭並行學習的概念有質疑。

寫不出來，可能有難言之隱

但是也因為這個事件，以及不只是英文，他的國語在課堂上的確有書寫的障礙，我參考了很多來自不同老師關於如何訓練孩子寫字的建議，我真的也是照做，但還是很困難。我認同大部分孩子字寫不好，是因為小肌

肉練習不夠，或是因為太好命的關係。可是，如果你自己家裡養育著一位從小一到小三每天必須陪伴他花三小時寫功課，一直哭還寫不好的小孩，你或許應該要有更多的警覺，孩子是不是有難言之隱？

根據專家研究表示，3-7 歲的小朋友，如果常常出現鏡像字的問題，其實還不用太緊張，因為大腦雙側連結還在發展，有時候也把文字當圖像，所以有弄錯方向和注意力的問題，經過多多練習和提醒，可以改善。但是如果 8 歲以上還是如此，家長要特別注意，可能要就醫諮詢。

二年級暑假我們去醫院做了自費視知覺評估，治療師表示可能還是有視知覺和視動輸入輸出問題，白話說就是，眼睛看到文字，在大腦成影像後，卻做出錯誤的解釋，因此，即使照抄寫出來的文字也是錯的。

於是，三年級開學後的周六早上，我們又回到了復健中心，尋求更專業的協助。在學習和寫字的困難上，小馬的遲緩是一個問題，ADHD 過動也是一個問題，視知覺又是另一個問題，而長時間視知覺和視動落差，也會讓人誤以為他寫不好只是肌肉沒力、無法專心、受過動症的影響。

做一個有「提問力」的家長

由此，我的體悟是，**專家的話 80% 可收納，但還有那關鍵的 20% 來自於家長理解自己孩子的異質性，如果覺得有異狀，要勇於提問。**

看到孩子的問題，主動質疑、閱讀、提問、傾聽、決策、行動，如果行動的方向與結果不行，再質疑、再閱讀、再提問、再傾聽、再決策、再行動……，這是一個循環的路徑，是從發現問題後，透過一直不斷的求知、與專家提問的交流，一直調整，才可能慢慢找到與孩子對應的方向，

如果沒有一直提問，就不會打開真相的大門，而只能接受來自別人嘴裡的結論。

就像如果我沒有把小馬寫字的問題拿去問復健科醫生，也沒有人會主動告訴我，該帶他去做「視知覺自費評估」這個項目，而是停留在：「我跟妳說，他就是太好命，妳都沒有訓練他多動動，所以手才沒力！」的自責想法。

做一個懂得提問的家長，也訓練自己的孩子不要羞於提問。因為一個提問總是賦予力量，而一個答案則是相反！

凱西的打氣站

孩子的寫字如果真的太奇形怪狀，除了自己在家要多多訓練小肌肉之外，其實多做全身性的運動，以及有速度感的活動，像是溜滑梯、盪鞦韆、騎單車、滑板和舞蹈等等，都對如何更協調的使用雙手與身體各部位的連結很有幫助。如果太累了，也可以暫時先離開書桌，往戶外多走走，多方面試試看喔！

1.7 他只是愛動，為什麼叫他「過動兒」？

每逢開學時刻，身邊有不少媽媽朋友，在小孩入學沒多久，因為孩子種種不專心、過動的跡象，或是打擾班級上課的行為引起老師注意，而常常會接到老師電話，被詢問孩子是否有看醫生？或是有沒有讓他服藥？我在小馬小學一年級時，也曾經接過這樣來自老師關心的電話。

對家有過動兒的家長而言，這似乎是一個開學起手式。第一次接到電話時，我也是嚇的不知所措，因為我覺得小馬在家只是比較活潑，和我在一起都還好啊，為什麼才一入小學，就被老師說他是「過動兒」，患有「過動症」呢？

到底什麼是「過動症」？它和不能專心，活潑好動有什麼差別呢？如果只是活潑好動、不能乖乖坐好上課，這不是這個年紀的孩子本來就會有的現象嗎？尤其是小男生，像一條蟲一樣動來動去、精力旺盛的停不下來，很常見啊！

假設「愛動」是孩子的行為特質，為什麼只是為了要讓他融入群體生活，服從指令，就一定要用藥物去改變他，讓他看起來比較正常或是容易被管教呢？

如果您的孩子也有類似的情況，相信你也會有以上和我一樣的疑惑。

先理解「過動症」是什麼

　　如果你上網搜尋，或是閱讀相關專業書籍，這是一個沒有唯一答案的問題。但是大部分的專家資訊準則來自「美國精神醫學會」。

　　依照「美國精神醫學會」對於過動症的診斷準則，如果個案有符合下列主要徵狀，在經醫生診斷與學習環境行為調查問卷後，發現有自我控制方面的發展問題，則定義為因腦部發展較慢、或是腦部功能異常而產生的疾病。它的全名是「注意力不足過動症」（Attention-Deficit/Hyperactivity Disorder），簡稱過動症或 ADHD。

　　根據《過動兒父母完全指導手冊》這本書表示，過動症有以下五個主要徵狀：

1. 持續存在有專注的困難
   例如：容易受刺激而分心、忘東忘西、常弄丟東西、有聽沒有到、無法完成功課等。

2. 有衝動症狀，與控制上的困難
   例如：無法等待、缺乏抑制能力、說話大聲不經思考、容易莽撞行動、理財困難。

3. 動作太多
   例如：扭來扭去、無法坐好、話太多、不斷發怪聲、手腳不停的動、容易對任何事都過度反應。

4. 遵守指示的困難
   例如：有聽沒有到、不遵守規則、無法記住該做什麼、忘記帶功課等。

5. 表現不穩定

例如：依當下狀態有時有生產力，有時則無，無法像他人有穩定的工作效率與表現。

ADHD 注意力不足過動症普遍發生在六至十八歲的兒童和青少年，它是與生俱來，但大部分症狀在七歲隨著進入學校因有社交、學習的需求而越發明顯，某些症狀至少在十二歲前發現。

根據台灣衛福部在 2023 年發佈的資料，目前在台灣 ADHD 的盛行率為 9.02%，但卻只有 1.62% 的人接受診斷，1% 接受完整治療，意即不是所有的家庭都選擇面對孩子這樣的狀態。

ADHD 包含了「注意力不足」（Attention-Deficit）跟「過動衝動」（Hyperactivity Disorder）兩個主要的面向。患有過動症的過動兒，從外表看來相當正常，因為看不出來是內在腦神經系統的生理異常，但是其大腦前額葉活性明顯較低。另外根據專家的造影顯示，有 ADHD 孩童的腦部灰質面積比其他同齡孩子小 3~10%，尤其在前額葉部分，並且腦部主要網絡之間的連結模式明顯異常，整體大腦發展平均比正常孩童慢 2~3 年，導致他們有注意力難以集中，以及有衝動、過動傾向，並衍生出一些讓他人受不了的行為，和同齡相比，落差很大。

其他學者不贊同的聲音

也有些尊崇自然發展的醫生與學者認為，根本沒有所謂的 ADHD 過動症。他們認為孩子呈現過動分心的行為，有可能是從其他生理疾病或心理狀態所造成，只是外顯的徵兆是以無法安靜或是注意力不集中的方式顯現。並且質疑大部分的心智科醫生在短暫的門診中無法仔細了解病患，也

無從得知病患的日常行為以及家庭生活,大部分的 ADHD 案例都是在兩次門診內確認,這個派別的專家認為這樣的判定過於草率。

我的中醫師則是告訴我:「有可能是過度診斷,但是不論有沒有過動症,與其服用刺激中樞神經藥物來解決所謂的過動症,妳真正該做的,是給他適合他的教育環境,還有注意飲食調養。」

做為過動兒母親的糾結

即使小馬的確有以上症狀,並在七歲時被確診 ADHD,一直到今天他十一歲了,我仍然覺得,這些所謂的症狀,顯示的是孩子個體的不同。

我認為如果我們把孩子的行為特質看成是一個光譜,那麼極度安靜的特質在一端,過動的特質就在另一端,他們在光譜上的呈現,有時候取決於環境和群體文化的影響,也會讓所謂的過動兒有機會在光譜上移動,呈現出不同的行為表現,從過動改變到專注。

我最大的糾結點是,如果大腦的不同,可以解釋為個體的「不同」,為什麼我們要稱過動兒的過動症為一種「疾患」與「不足」呢?這代表了一種「標籤」。

在我的理性腦中,我同意大部分的醫生看法,我的孩子需要控制自己。但在我的感性腦裡,我覺得用病症或疾患來標籤和抑制這些有所謂過動症的孩童,其實只是為了在社會裡生活的少數人服從多數人而已,而我們所謂的社會規範,就是去方便大多數的人。

因此,我與我的孩子為了過大多數人的團體生活,不干擾到他人,我的孩子必須被抑制,這是令我覺得最難過的地方。

兒童心智科和孩子的老師說：「確診 ADHD 的孩童如果沒有吃藥會導致他錯失學習機會。」

我的朋友和家人說：「他真的只是需要多一點陪伴，還有妳要給他機會練習，小孩都是這樣好動的，妳要相信他，他一點問題都沒有的。」

有沒有人可以告訴我，到底是「愛動」，還是「過動」？這一切到底是誰能說了算？

正視與接納，是最好的態度

這一本書可以寫了兩年，是因為我仍然沒有辦法告訴讀者任何標準答案，就如同我自己說的，這不是一本教養書，我也不是專家。但是我希望告訴有和我類似困擾的家庭，請你們還是鼓起勇氣去面對它。

正視與接納，是面對家有特殊兒最好的態度。請接納孩子因為他的不同，所以他會走一條和別人不同的道路，他可能必須格外努力，但還是有可能不能成為什麼。他也可能有一天因為他的獨特，真的成為什麼大人物，就像是奧運游泳金牌「飛魚」菲爾普斯一樣。但那不是我們所能控制的。不管他現在和未來是什麼樣子，他永遠是我們可愛的孩子，這是可以確定的。

當面對一件糾結難解的情況時，例如：得知自己的孩子有過動症或其他特質，感覺到困擾與不知道怎麼辦，我們能做的就是先弄清楚當下的輕重緩急，請自問：

「什麼樣的方式可以讓自己和孩子在當下與團體中，都比較輕鬆和壓力較小的過生活？」

「什麼樣的學習在現階段可以讓孩子較不費力的先接受,並有所成長與被啟發?」

你可以參考專家和朋友的建議,但是最重要的是做為父母親,我們要問自己關於孩子狀況的輕重緩急。當自己清楚了,選擇與方法也就慢慢出來了。

除非,你已經打算帶著孩子離群索居到一座孤島上,否則我們還是需要在現實生活中與其他人有所連結。

方法也可以換,**最好的方法是慢慢找和慢慢調整出來的,它不是一下子就自己出現的**。但首先,我們與孩子必須先安穩的撐過了今天,才能有精力面對明天。

延伸閱讀與探索

家有過動兒的父母,以下是推薦閱讀,幫助自我理解過動兒相關書籍:

1. 《過動兒父母完全指導手冊》,作者羅素巴克立教授
2. 《家有過動兒》,作者高淑芬醫師
3. 《我期待過動兒被賞識的那一天》,作者李佳燕醫師
4. 《我是特教老師,我是 ADHD》,作者秦郁涵特教老師
5. 《ADHD 不被卡住的人生》,作者湯馬士布朗博士
6. 《ASD 與 ADHD 共病的教養祕訣》,作者王意中心理師

1.8 學習接受結果的不如預期

「種子們隨風飄散到各處,有可能它落下的地方並沒有土壤,或是被你們撿走了,它來到這個教室被做成了花圈,而無法長大成為一棵樹。就好像這個世界上,有很多事,我們做了,但是結果不如預期,但是也只能接受這樣的感覺。或許,等你們慢慢長大,就會懂它的意思了。」

上一個聖誕節前,我和小馬一起參加了音樂教室舉辦的親子聖誕花圈製作課程。老師先帶領著孩子們在附近馬路的行道樹下撿種子和枯枝當花材,回到教室後,再解釋著種子如何從泥土中繁殖,從小幼苗長大成樹。

老師告訴似懂非懂的孩子們,很多時候,也有些種子不見得能落地生根,因為落下的地方,它的溫度、土壤、水分和其他因素造成種子無法發芽,或許它會被人收集起來拿去市場賣。老師向孩子們機會教育,體會自然的變化與無常,最終希望孩子們能珍惜現在握在手中的一草一木。

很有趣的一堂課,只是小馬在那天的表現太過嗨。看到這麼多其他同學,他興奮的撿完花材後,無法好好地坐著。他不時的坐在地上用屁股轉圈圈、發出聲音或是搶答話,被老師制止了幾次但是結果不彰。

小馬的躁動引起了隔壁男孩的反感,望著他一臉嫌惡的表情。我坐在後方,本想提醒小馬,但又告訴自己做個旁觀者。只是他真的話太多了,老師提高音量大聲的喊了他名字數次,請他專心,我又瞄到身旁男孩的媽媽給了自己孩子一個眼色,她示意他離開小馬換一個位置。

男孩於是起身去教室另一頭坐下，沒想到小馬追過去想要和他坐一起，這時候老師馬上制止小馬，於是他只好又跑回原處，氣嘟嘟地坐下來。沒一會氣消了，但是進入了自己的世界，人在教室中，心卻飛走了。

整堂課別的家長都輕鬆地坐在一旁滑手機，我的目光卻一直追逐著小馬，神經緊繃著。我不禁有些懊惱，怪自己不該帶他來，眼中看著這一幕卻也無法平靜。

接下來開始要領材料做手工，小馬低頭玩起玩具，沒有理會別人。我也喪失了興致，又覺得材料浪費可惜，於是幫他加快速度做起了花圈。

老師來看了幾次，追問著：「小馬，你為什麼不自己做？媽媽你不要幫他做！你讓他自己動手做。」

我心想，難道我要回答：「他今天人不在這裡嗎？」

我看著眼前的花圈，想著老師講過的話：「種子們隨風飄揚到各處，也必須接受自己落地後的結果不如預期。」

是啊！種子即使落在對的地方，它也有自己的生長機制，有時候它會抑制自己的發動，在靜待，一直到適當的水、空氣、溫度和土壤內的營養觸發了它，才會破土生長。是否，我興沖沖的帶著小馬來這堂課學習，但是卻換來親子兩人都想要逃跑的結局，也是一種必須接受的不如預期？

或許，身為父母的修鍊，就是要先放下一定要種子在什麼時間內開花結果，這種預期心態的感覺吧？自己，學習著先放過自己就好！

1.8 學習接受結果的不如預期

凱西的打氣站

1. 特殊兒參加團體活動,試著找步調較鬆散的課程,注重過程勝於成果。如果到現場覺得不適合,也可以放棄,而不是一定要完成。
2. 也可以事先和老師溝通課程內容和強度,看是否適合。主動告知老師,不用勉強自己的孩子一定要跟上團體的進度。

生命有時,請相信每顆種子都有自己內建的發芽機制。

PART 2

理解孩子的問題，
背後是一個需求

面對問題，你不能接納的到底是孩子？還是你自己？

2.0 問題，是來自宇宙的訊息

有沒有人和我一樣，很害怕看到老師寫在聯絡簿上關於孩子滿滿的評語？或是上班到一半看到老師傳訊息問我：「媽媽，妳方便講電話嗎？」

這種時候，通常都要先倒抽一口冷空氣，心想著：「這個小鬼又出什麼包了！」才很害怕的接起電話。

有時候覺得自己很好笑，明明在職場身經百戰，人看起來也不是省油的燈，雖是新手母親，但也有些年紀了，卻還是會怕老師（其實老師可能更怕我）。再仔細想一想，老師真的令人害怕嗎？或許我真正害怕與頭痛的，是去面對孩子在學校發生的問題，而不是老師本人。

我發現，只要我一出差，小馬在學校發生的狀況就特別多，而且都是干擾到他人的問題。但是當我回家，他似乎又恢復正常了。

一位好朋友提醒我，是否是孩子的潛意識，其實是要得到在遠方媽媽的關注，或許也是心裡在抗議，他不喜歡我離開家這麼久。

很多時候，困擾或是問題之所以出現，是因為宇宙透過這個形式在提醒我們。也可能，有某個內在需求沒有被滿足，等待我們去發掘和梳理。而大多數「孩子的問題」，其實它反應的還是「家庭的議題」。

或許要慶幸，在孩子小的時候有問題發生，而不是在長大後突然發現。我們因為看見問題而更認識孩子，也在尋找解決方法時，親子一起有一個同心努力的目標，一路陪伴他成長。

2.1 是真的想上廁所？還是找藉口？

「我要去大便！」

「你這是藉口，不准去！」

在我們家，大約每天晚上 7 點到 8 點間，在做功課的時段，就會聽到小馬這樣的大叫：「我要去大便！」雖然說小孩的腸子是條直線（馬上吃馬上拉的概念），但是他一個晚上要上 5～6 次廁所真的太離譜了，也惹得陪他做作業的外婆十分生氣。外婆覺得有人陪，有人教他還不珍惜，一直拿上廁所當藉口逃避，所以講話的音調開始高八度到已經接近罵人的程度。

平日我下班回家時常常看到的狀況是，小馬的鼻子抽唏著、眼眶泛淚、眼睛紅腫的和葡萄一樣，坐在桌子前，一隻手握著筆寫字，一隻手拿著面紙擦鼻涕，有時用手撐著頭，嘴巴發出的是喃喃自語發抖的哭音。而外婆呢，氣得臉紅脖子粗，一雙眼睛嚴厲銳利的像老鷹一樣盯著他說：「還哭！不准哭！好好寫！」

也不過是做功課嘛！搞得好像要他的命一樣。每次踏進門看到這一幕，我就想起了當年，好熟悉的景象啊！就像我小時候時一樣……。

「你快一點！怎麼這麼慢！」

「不准哭，還哭！」

「你這題做多少遍了，為什麼還不會？」

然後我急性子的母親（小馬的外婆），她的藤條就拿出來了，於是客廳裡就是我呼天喊地、淒厲的哭聲，再一邊摻雜著她尖銳的怒吼叫罵聲，我忘了當時我幾歲，大約也是小學吧！上個世代孕育出來的教養方式，大人們總相信嚴師出高徒。

當然，在現在這個時空，她沒有拿出家法對待小馬，我們家也沒有藤條這種東西，外婆只能生氣地瞪著他。隔代教養很難，因為不是自己的孩子，再加上年紀大了，有時候沒有力氣管教，面對外孫這種小小孩，她也會心軟。

原來廁所是一個比較放鬆的地方

只是不管是上個世代，還是現在的親子溝通方式，類似「你快一點！怎麼這麼慢！」、「不准哭、還哭？」、「妳給我試試看、妳欠揍嗎！」這樣的言語，似乎仍是流傳到現代許多父母親的血液裡，因為那是一種代代相傳，來自原生家庭細胞記憶的承襲。

而我呢？還好家中有外婆，壞人讓她當了，我看著她已經講夠多了，適時會提醒我自己，不要再對小馬加壓了。

對的，這是一種壓力，從心理健康的觀點來說，壓力指的是情緒上過度受壓。根據醫學書籍的用詞，人們面對特定的外在或內在要求，感到難以負荷，覺得自己的能力或資源和這些要求有差距時，就會產生壓力。

對孩子也是，例如小馬，他的小肌肉發展一直不夠發達，加上腦部發展關係，所以在有效率的時間內完成一定量的書寫對他而言是有壓力的。

即使到了國小三、四年級，他仍是感到吃力，他的程度雖然距離真正的書寫障礙仍有段距離，但是他的處理速度和同齡孩子至少有三倍以上的落差。所以當「我要去大便！」這句話一出現，就是他一個面對壓力逃脫的方法，他真正想表達的是：「Leave me alone！」讓我一個人靜一靜，因為他難以負荷這樣來自他人精準快速的要求。而逃進去廁所，讓他感到比較放鬆。

這樣的場景，除了在小馬每晚做作業，在學校考試時，在鋼琴教室準備演奏會表演曲目的前幾周都發生過。

鋼琴老師也無法理解，明明他喜歡上鋼琴課，但是為什麼上台前最後兩周有反常行為，一直跑廁所？有時候我過意不去，衝進去打開廁所門一看，他只是坐在馬桶上，連褲子都沒有脫。我也只能跟老師解釋，他有壓力，不要一直逼他。

這樣聽起來是不是我養出了一個抗壓性很差的孩子？因為我的寬容，所以他經不起別人逼他，而導致他一直落後，無法進步？

這個問題，我想了很久。但是去年，我參加了一期「元意教養」心理師的親子情緒教練課，從中我得到了來自專業的見解。

你是幫孩子打氣還是給壓力？

大部分的父母看到孩子的問題，會很快速地採取協助調節（Regulate）的作法，而沒有給孩子機會或是時間去自我調節。

因此我們這樣快速協助孩子調節自我的教養機制，就讓孩子不得不放棄他原本的步調，依期望值去調整。但是當他的速度，在自我評估能力不

足之下，遠遠不及期望值時，就產生了壓力。於是，身為父母的我們，就這樣成了自己幼小孩子們的「壓力源」而不自知。

這樣聽起來，父母真難當，好像我們完全無法對孩子提出比較高的要求？

其實也未必，父母有期望是正常的，但是在口氣的轉換上，同樣的事件，或許可以嘗試以下的說法，這也是我一直練習的方向，供參考：

1. 「哇，這是你最快的速度嘛？好棒喔！但是你還可能更快嘛？你要不要試試看？」用鼓勵的口吻代替要求。

2. 「你怎麼哭了？你還好嘛？是不是功課太多了寫不完？你需要我和你一起想辦法嘛？」用同理的方式，表達可以提供協助。

3. 「很難對不對？你自己有沒有覺得哪裡做錯了？或是你覺得你可以怎麼改進呢？」用溫柔的說理，取代嚴厲的恐嚇，重點是他還是要有自己發現錯誤的機會。

4. 「你現在真的很想上廁所嘛？可是你剛剛才上過，現在是做功課時間，你認為一直跑去廁所坐在馬桶上，對你把功課做完有幫助嗎？想一想，再告訴我喔！」用問句去提醒他，取代不准去的命令句，讓他自己思考。

以上的溝通方式，其實目的都一樣，只是我們換了一種說法和語氣。父母親可以先練習有意識地降低給孩子的「壓力源」做起，除了改變自己的期望值之外，更重要的是改變溝通的模式。

📕 **延伸閱讀與探索**

1. 推薦閱讀《減法教養》，作者K老師（柯書林心理師）筆觸詼諧，建議家長少緊盯、別老想、省規劃，減法教養免於親子崩潰。
2. 推薦閱讀《圖解 ASD、亞斯伯格、ADHD、學習障礙 正向教養》這本書，上面有許多圖解親子溝通的模式，作者淺羽珠子。

不瞞你說，我並不想上廁所，我只是想找一個地方躲起來而已⋯

2.1 是真的想上廁所？還是找藉口？

2.2 你們家也有逃不出的開學噩夢嗎？

「小馬媽媽，他今天午覺睡不著，一直喃喃自語說自己是直笛高手，想要展示自己買的笛子，常常無預警的吹出聲音，提醒數次，他先假裝睡著，但是每隔幾分鐘就偷偷的趴在桌子底下吹，最後，全班都被他吵得沒辦法睡覺了！」

三年級開學第一天，我就收到了導師告狀的訊息，除此之外，學校裡新發的課本，沒有半本帶回家，書包裡只放著鉛筆盒和那一支為了音樂課買的直笛，而好不容易寫完的暑假作業，卻原封不動的沒有交出去。

那年是疫情最後的一年，經歷了五月就停課在家的最漫長暑假，終於等到學校九月開學了。把孩子交還給學校後，並沒有比較輕鬆，因為對一位過動兒的母親來說，開學的日子就意謂著恢復天天準備應戰、令我頭皮發麻，它一點都不好玩。

猶記開學那天早上，我把 170 元現金放在一個夾鏈袋裡慎重的交給小馬，交代他去福利社時要和阿姨說買 YAMAHA 的直笛。他高興的一直點頭，因為低年級時他非常羨慕坐隔壁的同學阿豪可以每天自己買早餐，他一直希望能有自己使用錢的機會。這一次，我選擇不幫他買，而是交付給他這個任務，想著他已經三年級了，總是要學會自己負責，但是沒想到……。

當天晚上，我請他自己說明中午的事件，在對話中他承認自己太吵干擾到同學睡覺，於是我沒收了直笛，也告訴他這個月我也不會給他零用錢

帶去學校。小馬眼看著他人生中第一次自己買的寶貝被沒收了，淚眼汪汪的在他的小筆記本抄下了三件事，哽噎的答應我第二天一定會做到：

(1) 在教室不可以打擾到同學的學習和作息。
(2) 作業要記得隔天早上主動交還給老師。
(3) 開學把所有的新課本帶回家包書套。

同時我也自我反省，過度小看他有著 ADHD 特質的大腦，我怎麼會選在各種雜訊已經太多的開學日就讓他自己挑戰買東西？

「開學了，我真的可以放手嗎？」我不禁再次懷疑著。

第二天接近放學時，突然下起了雷陣雨，我不放心，特別請假去學校接小馬。遠遠看著那個脫隊走得很慢、胖胖的小身影，一手歪斜的撐著雨傘，一手拉著一個帆布袋子拖在地上走向校門口。當小馬發現我居然親自來接他，雀躍地加快腳步，一跳一跳的像隻兔子般地衝出校門口，邊大叫著「媽媽」，整個人飛撲上來抱著我。我高興的回摟著他，但手指觸摸到的卻是接近溼透的衣服和冰涼的身體。

還來不及唸他，我瞄了眼拖在地上的帆布袋，那是他在轉換課堂間方便放課本的科任課袋子，我心想鼓鼓的袋子裡面該不會裝的是課本吧？雨勢越來越大，還來不及檢查，我急忙的先把他帶回車上。

一進家門口，小馬濕掉的衣服和鞋子還沒換，我先把帆布袋打開，布袋底端已經被磨破了，更糟糕的是，新課本都塞在那袋子裡，有些書底邊緣已經破損，大部分浸水半濕紙頁都粘在一起。我轉身提了提他的書包，是空的，他似乎是把所有的新課本都放在帆布袋裡……。

我看著那袋接近變形和濕成一堆的課本，這才新學期第二天，有些已

經不能用了,突然間,我無法控制自己,大發脾氣的吼了起來:「你為什麼要把袋子拖在地上走?現在下雨地上都是水你瞎了嗎?你看看現在新學期的書全都被你弄濕了!你到底懂不懂什麼事情應不應該做?媽媽每天交代你的話你到底有沒有在聽?你是不是故意的?」

「媽媽,我⋯⋯我不是故意的,我答應妳把所有的課本都帶回家。」

小馬錯愕地看著地上的書本,似乎也不曉得把袋子拖在地上走的後果會變成這樣,好好的新書都爛了,又轉頭看著怒氣爆發咄咄逼人的我,他張大著眼睛驚恐的回答。

我一把抓他進浴室脫掉濕衣服洗澡,又想起昨天他午睡亂吹笛子闖的禍,理智斷線的邊洗邊罵、邊揍他的屁股,浴室裡,已經聽不清楚到底稀里嘩啦的是淋浴的水聲還是他的哭聲。

「你到底什麼時候才會懂事?你知道我為什麼要打你嗎?」

「嗚⋯⋯媽媽,我下次不敢了,我知道你要我當個好學生。」

「我沒有要你當好學生,我只要你做好自己的事,愛惜自己的東西,不要打擾別人,有這麼難嗎?」

「嗚嗚⋯我知道了!我發誓我不會了,我會愛惜課本,媽媽妳不要不愛我,嚶嚶⋯⋯」小馬的身體發抖著嚎啕大哭,抽抽搭搭的說出這句話。

聽到了「媽媽妳不要不愛我」這句話,我終於停止了打人和謾罵,我怔住了。

傻孩子,媽媽從來沒有不愛你啊!媽媽就是太愛你了,不知道要怎麼放手,不知道到底要和你怎麼說你才聽得懂?

事情過後幾天，我寫下了這篇文章，我覺察到小馬不是沒有聽見我說的話，他把書本都帶回家了，只是他沒有遇過這些情況，像是下大雨，不可以把袋子拖在地上走，他完全沒有經驗值可以判斷。

或許在真正可以鬆手之前，我應該先學習接受孩子每天出門後會帶著錯誤回家，允許錯誤存在，所以我和他才能從中一起學習。如果沒有這些錯誤，我又怎麼會知道他的問題在哪裡？有什麼地方是我需要幫忙的？

面對開學日，你也和我一樣，會害怕鬆手嗎？先做一個深呼吸吧！放下胸中那顆看不得錯誤會發生的心，唯有如此，自己那雙握緊糾結不放的手才能慢慢的鬆開，這一切，是需要時間的。

給孩子一點時間，也給自己一點時間，學習慢慢鬆手，即使手中再次握回的是一個錯誤，那也是宇宙給我們的訊息，讓我們有機會從錯誤中開展新的學習。

凱西的打氣站

1. 特殊兒本來就會比其他孩子花更久時間適應新的週期，培養新的習慣，給孩子多一點時間做心理建設。也不要急著開學前幾天一次到位。可以先和老師打招呼，溝通他的狀況。
2. 關於身體的懲罰，或許會帶來阻嚇作用，但日後他是否會記得事件的本身？還是只記得父母在打他當下的表情以及那高分貝的聲音？值得思考。要小心孩子將「懲罰」與「不愛我」連結，而誤會了原本「為他好」的用意。

2.3 如果可以誠實，為什麼還要說謊？

「你為什麼要說謊？你不可以說謊！」
「你現在馬上給我做開合跳二十下！」
「你知道我為什麼要罰你嗎？因為你說謊！」

小馬的高爾夫球教練在課堂結束時，叮嚀小馬先去丟垃圾，再去上廁所，上完廁所後一定要記得洗手，因為他上課時看見小馬一直用手揉眼睛，很不衛生。等小馬上完廁所往回走時，我和教練都注意到他沒有在外面的水槽洗手，但回來時一問他，他卻一臉無所謂的說：「洗過了啊！」

我還沒有開口，教練已經先一步把準備離開的小馬叫回來，訓了一頓，意思性的懲罰重新做開合跳，並且告訴他，說謊是不好的行為。

雖然我知道懲罰對於過動兒，並不會加深他對這件事和大腦的連結印象，但是因為教練已經出馬了，所以我暫時按捺住想要唸他的衝動。

這是一件小事，也謝謝教練願意為了小事教他，我感受到他關心學生不只是球技的進步，還有人格的發展。

說謊是大腦進化的過程

三歲到五歲的孩子說謊，比較類似想像和現實不分，有時候是在訴說一個故事或願望，這表示他的大腦開始天馬行空的發展了，這時候需要的是參與他的想像力，並慢慢利用這個機會導引孩子知道虛和實的分別。

六歲以上進入學齡後的說謊，大部分的就是想「趨利避害」了，可能是怕麻煩、可能是怕被處罰、或是沒有符合大人以及自己的期望，甚至是沒有安全感。

尤其對於過動兒，說謊和扭曲真相幾乎是症狀的副產品之一，小馬不是不負責任，而是無法抵抗大腦的分心發作，在他根本就忘了下一件事時，「說謊」和「找藉口」成了他最方便解決面對大人質問的方法。

開車回家時，我思考了一下，態度平靜的問在後座的他：

「小馬剛剛為什麼不洗手呢？」

「因為我忘了⋯⋯。」

「所以當教練問你有沒有洗，你怎麼回答呢？」

「對不起媽媽，我說謊了。」

「那你知道，為什麼要洗手嗎？」

「因為打完球手很髒，又揉眼睛，眼睛會生病。」

「所以你為什麼沒有做呢？」

「因為我想趕快下課，又怕媽媽生氣，所以我就亂說了。」

「好，我現在有生氣嗎？」

「沒有⋯⋯」

「媽媽知道要你的腦袋每一樣事都記得，有點難，但是有一件事不難，就是看到手髒了自己要知道去洗手好嗎？還有，就算你說謊了，我們都不知道真相，但是你的手還是髒的，這樣對誰的身體比較不好？」

「我的呀！」

「所以，你知道下次要怎麼辦了嗎？」

「嗯～好！媽媽我努力記得。」

小馬點點頭，於是我們在這裡才停止了對這件事的討論，而不是處罰

2.3 如果可以誠實，為什麼還要說謊？　　79

過就算了。雖然我知道，同樣的情況可能還會發生一百次以上，沒有洗手謊稱有洗手，已經是相較所有在學校的說謊事件中最小件了。

==了解孩子說謊背後的動機，以及他的困難，遠比在第一時間制止責罵他，省略了後面的引導對話來得重要。==

給孩子時間表達「為什麼？」

「你為什麼要 xx ？你不可以 xx ！」

像這樣先用問句，再用否定句結束的語句，不止是會發生在「你為什麼要說謊？你不可以說謊！」這個事件上。

也可能是當我們面對以下生活中的狀態：

「你為什麼這麼晚回家？你不可以這麼晚回家！」
「你為什麼亂寫答案？你不可以亂寫！」

這種語句像是先質問了對方，但卻沒有留時間給對方回答，如果你用問話開啟對話，請記得給予時間讓對方回答。

這種馬上制止性的言語，多半是一種切斷溝通的手法。我們都知道有許多事不能做，一定要立刻糾正孩子，但是更好的方式是，先請孩子表達他的資訊，我們可以理解他的動機、價值觀、以及這麼做的癥結點。等到孩子露出馬腳了，再引導他說出真心話，最後的核心才是討論為什麼這件事不合宜，以及如果真的不知道要怎麼做，正確的做法應該是什麼。

沒有接受到指令，或是無法達成期望的說謊

另外，有時候孩子或許真的不是故意的，因為注意力或組織能力問題沒達成父母期望，而導致說謊。例如：老是忘了洗手的問題，如果父母在一開始給指令時，先把孩子的注意力拉回當下，慢慢說，先確定他真的有聽到與接收訊息，而不是等著只注重事後考核，逼問「你為什麼又沒有洗手？」，那麼因為害怕被罵，孩子可能又選擇說謊了。

還有，不要給不切實際的要求，例如：孩子明明就需要一小時才能完成作業，父母卻要求三十分鐘內完成，那麼最後的結果，當然是說謊。

孩子會選擇不誠實，不是天生的，而是從環境中學會對他最有利的暫時解套方案，父母的反應也是激發他說謊的主要元素。有時候，也只是他長大了、反應進化了。如果可以被允許誠實，那麼為什麼還要說謊？

這個問題，回想一下當孩子時的自己，答案就出來了。這不代表著孩子已經歪掉了，而是他們有了前因後果的邏輯能力，會對答案做選擇。

==當孩子可以在我們面前表達無礙，也不懼怕時，那麼他需要說謊的動機是不是也減少了呢？==

📖 延伸閱讀與探索

1. 推薦閱讀《如果可以誠實，孩子為什麼要說謊？》這本書，作者陳品皓心理師提供23個突破孩子心房的親子練習課。
2. 另推薦一本鼓勵孩子坦誠面對自己的兒童繪本橋樑書，給八歲以下的孩子閱讀《阿摩的聰明藥》，作者平田明子。

2.4 我的孩子會打人，是和誰學的？

「小馬今天在學校打人，因為那位同學瞪了他的好朋友小妤，所以他就動手打他。哎呀！媽媽我跟你講，他這麼大隻，一動手是很難控制力道的，還好這次對方家長沒有要鬧大，同學也原諒他了。但是我看當時小馬一副正氣凜然、捨我其誰的樣子，我真的替他擔心啊！這件事的起因，不管是誰的錯，只要是出手打人的那個就不對！」

我還記得收到老師語音訊息的當下，我正要帶小馬上床。我愣了一下，動手打人，這是一件大事！現在是上床時間，這個時間點都要睡了，不管是他或是我可能都會有情緒問題，討論這件事好嗎？

我又再回想起前天晚上，我才為了他把開學的新課本全弄濕而揍了他，他當時哭了個稀哩嘩啦，該不會這就是所謂的現世報嗎？我不高興揍了他，所以他也以為可以揍別人？我心裡咕噥著，到底，他是不是學我的？我躺在床上，翻來覆去，忍不住還是問他了。

「小馬今天在學校怎麼樣啊！有什麼事可以和媽媽分享嗎？」

「沒事啊！」

「老師或同學沒有說什麼嗎？」

「沒有啊！我很乖啊，他們什麼都沒說。」

我看到躺在床上的他眼神有些閃爍，不肯說，這下我知道他又說謊

了，因為他怕我打他。於是我看著他的眼睛，手握著他的手說：

「你不是有事情都會和我分享嗎？我答應你我不會告訴別人，如果你做了什麼很奇怪的事，我答應你今天晚上我只是聽你說，但是你有沒有發生什麼不開心的事要告訴媽媽？」

「沒有啦！我只有幫了一個小忙。」他很不情願的只吐出一句。

「什麼忙？你幫誰？」

「我幫小妤。」

「你怎麼幫她？」

「我幫她掃洗手檯旁邊的地。」

「只有掃地嗎？你還幫了什麼？原來你今天在學校有幫助同學，這麼棒！所以老師有稱讚你嗎？」我的語氣開始急切起來。

「老師沒有……那個小妤掃地掃不好，阿祥看到地上不乾淨就罵她說，連地都不會掃，妳滾去別的地方啦！要不然就不要掃！」小馬突然氣呼呼地鼓起腮幫子，開始透漏出部分的情節。

「所以呢？所以你做了什麼？你怎麼幫小妤的忙？」

「我……我……我……。」

「沒事，我答應你，今天晚上只是聽你說，你是不是有什麼不高興？說出來和媽媽分享，你也比較舒服好睡覺。」

「我推了阿祥……。」

「你是用推的嗎？推哪裡？他有沒有受傷？」

「我只是輕輕的推他臉……。」小馬越說越小聲，害怕的望著我。

「所以你打他了？」我忍不住突然大聲。

「嗯我知道，我下次不敢了……。」他把頭轉向床的另一邊，抱緊了他的枕頭。我望著他緊繃的身體蜷曲在一起的背影，唉！他應該以為我又想打他了。

「小馬你轉過頭來，你看著我，我答應過你我只是聽你說，媽媽今晚不會處罰你，我知道你是替小好抱不平，你很勇敢想要幫她對不對？」

「對……。」突然哇的一聲，小馬開始大哭起來。

「我們可以幫助人，但是打人絕對不是幫人的一種方式，不管對方做了什麼，你打人就是不對的，媽媽也要跟你道歉，媽媽前天打了你，或許我們該找另一個方法來幫助做錯事的人記得它，不要再犯錯，對不對？」

「嗯……。」小馬可憐兮兮的，拼命的點著頭。

「你先睡吧！明天再去和阿祥道歉，然後去找老師，告訴老師你知道錯了，你願意幫忙多分攤一些打掃工作，看老師決定怎麼處理，好嗎？」

「好……。」

看著小馬抱住我、委屈的哭得很傷心的樣子，我希望他真的要記得了打人是不對的，雖然我自己也是做了錯誤的示範。只是以後到底要怎樣處罰？才不至於讓本來就很衝動的他，只記得媽媽最後的打人部分，而不是前面的自己做錯事的部分呢？

84　Part 2 理解孩子的問題，背後是一個需求

第二天，我和老師討論後，決定處罰他每天早自習趴在地上擦教室地板連續一週，希望他記得這個教訓。

至於他當時為什麼這麼生氣的動手？我想還有一個原因，小妤和小馬是班上唯一兩位會一起在國語和數學科目會抽離去資源班上課的孩子（抽離式課程，是指特殊生於某一特定科目具學習功能嚴重缺損時，有必要在該時段抽離至其他場所上同一科目的課程），他們彼此是同溫層。小妤領有身心障礙手冊，或許這也解釋了為什麼她會被同學言語霸凌、嘲笑她地掃不乾淨。霸凌，這是另一個孩子成長過程中在學校的嚴重品德議題，我當下只能處理自己孩子不可以打人的問題，打人也是一種霸凌。

小馬開始擦教室地板的第三天早上，老師又傳了一條訊息給我。

「媽媽，我和你說，小妤今天早上過來和我自首，她說她也有錯，是他叫小馬打同學的，所以，我再教育一次小馬不管發生什麼事，都不可以動手打人，明天開始換小妤和阿祥輪流擦地板！」

看到這則訊息，我不知道該哭還是該笑？只覺得怎麼彷彿是看到了電影「我的少女時代」裡，十七歲的林真心和徐太宇翹課，有義氣的林真心選擇不說真話，結果兩人一起被處罰半蹲，林真心因此哭得很慘的劇情。

如果換成你們家的孩子打人，你會怎麼教他呢？我還要好好想一想。但是從這一課，我也學到了，**在孩子身上，會長出父母的樣子，但我會希望那是好的樣子，而不是使用暴力打人這種樣子。**

更重要的，如果父母覺察到自己做了不好的示範，也請坦然和孩子道歉。讓孩子知道，不是只有小孩才要道歉，父母更要為自己的言行負責。

2.5 我可以和你重新做朋友嗎？

「媽媽，請問他今天幾點進校門？他今天拖到早自習快下課才進教室！」

「他很早就離家的啊，學校過一個馬路就到了，最慢爬上三樓應該八點整前也會走進教室了。」

「我上次做完導護，早自習開始的鈴聲已經響了，我發現他還在福利社外面晃，我就帶他和我一起回教室了。我問他你不知道已經遲到了嗎？他居然問我，那現在幾點？媽媽你是不是要考慮幫他帶支錶，簡單的電子錶就好，完全沒有時間觀念耶。」

四年級上學期，小馬上學後不立即進教室的情況發生了好幾次，而且時間拖延越來越嚴重。當初沒有讓他帶錶是覺得他會把玩手錶當玩具，也容易不見，對過動兒而言。東西不見很正常，但是電子錶畢竟不是像鉛筆一樣便宜的東西，可以隨便買一打。

我慎重考慮老師的建議，但還是懷疑，不進教室到底是沒有時間觀念？還是不想上學？

晚餐和他聊天的時候，他只是說，他在等朋友一起上樓去，我唸了他一頓：

「可是你明明聽到鐘聲了，聽到早自習鐘聲就是要進教室！」

「嗯～」

小馬敷衍的答應了，反正他的有聽沒有到已經成了常態，我也無可奈何。我決定還是上網去搜尋比較簡單又便宜的兒童錶，我想至少不能讓他有不知道時間的藉口。

進了學校又不馬上進教室的情況，就這樣持續了快一個學期，到最後，老師也講累了。

學期末前的一個上學日，那天我做志工，我和小馬一起上學，進校門口快到福利社前時各自分手。當早自習的鐘聲響起，我看他在福利社門口附近徘迴，不肯走，一直等到一個女孩出來才一起走，我向前走幾步，跟在他們後面，聽到：

「我可以和妳重新做好朋友嗎？」

「可以啊，我們不是一直是朋友嗎？」

「我跟妳介紹，她是我媽媽，她們家長週五也要上台才藝表演，她今天來排練。」

「她們表演什麼呀？」女孩又看了我一眼，禮貌叫了聲小馬媽媽好。

「我不知道，可能科目三吧！」

「科目三？」女孩聽到科目三，咳咳咳地笑了。

女孩叫做小妤，就是之前會和小馬一起上資源班的女孩。我常常在家聽到她的名字，卻第一次見到她。小馬四年級離開資源班了，小妤又有了別的好朋友，而且她新的好朋友都叫小妤不要理小馬，因為他比較不進入情況。據小馬說，他們沒有當好朋友有一陣子了。

看著他們有說有笑離開的背影，我不禁想起了前陣子老師的抱怨，小馬早自習都沒有準時進教室，一個人會在福利社門口晃的事情。

小馬這個學期一直都沒有什麼朋友，ADHD 的症狀因為更換了藥物，似乎沒有控制的很好。中年級隨著孩子們的成長，班級上開始有了各自交友的小圈圈。老師告訴我，小馬幾乎是被所有的圈圈排除在外的。本來在低年級時還有一位住我們家附近的小凡，他們同班會一起玩，但三年級小凡被編在隔壁班，小馬會特別在下課的時間去隔壁班找他。四年級後，小凡漸漸成熟，只有小馬跟不上大家的步調，小馬告訴我小凡有了新的玩伴。

我想我終於明白了！每天他不肯進教室，是在學校沒有朋友吧？

所以在福利社外徘徊，也是想要等候以前的朋友吧？ 不管是現在或以前的同學，他想要在這裡偶遇，等他們是單獨一人的時候，一起走回教室的路上，再問他們：

「我可以重新和你做好朋友嗎？」

對於我和老師來說，上學最重要的就是準時、守規矩、學習，但是這不一定是小馬心中的排序。

對他而言，他真的很渴望在學校能與人連結，但是現在的教室裡，在大家的小團體中，並沒有讓他融入的位置。

想到這，我的心有一點酸酸的，但仍是望著他們的背影微笑了，我打從心底佩服他不放棄的勇氣：

「小馬呀，媽媽不能代替你長大。很多的過程，需要你自己去摸索和

適應呢！但是媽媽今天替你開心，因為你『重新』交回了一位朋友。雖然我們不知道明天會如何，但是今天的你有勇氣開口，也成功了，很棒喔！」

在學校團體中，雖然人際關係是最常造成幼小心靈傷害的來源，但也是療癒的關鍵，有時候心中的破網也只能靠自己修補呢！

小馬加油吧！媽媽雖然不能當你在學校的朋友，但是至少我可以表演科目三，把大家逗笑，讓你和同學們有一個開心的早晨！希望有那麼一天，你也能找到讓自己不遲到，並且期待去教室學習的理由。

後記

小馬現在高年級，到校後他仍然無法準時進教室，我也還在和心理師、老師討論比較好的做法。或許會調整更早睡，早上起床先開始跳繩，讓身體動起來，可能幫助多巴胺分泌後，人就比較不浮躁了，後續有機會再和讀者分享心得。

如我之前提過，沒有立即的好方法，方法是一直嘗試和調整而來的，也或許等大腦更成熟了，自己也會產生控制力。

2.6 孩子，你為什麼要罵髒話？

「我快要被他氣死了，真想罵髒話！」

做為成人的你和我，有沒有這樣形容過一個令你心中不爽的狀態，而結尾是用「真想罵髒話」幾個字結束？甚至，很多個性比較直的人，乾脆就直接罵出來了吧！

我自己面對很多內心打結、衝撞的情況時，偶而也會脫口而出一個字的髒話，但那大多不在公開場合，畢竟我理解在人前修飾語言的重要性。

小馬四年級下學期，有一天老師拍了一張科任作業簿的照片訊息給我，頁面上有手寫「xx 的、x 你 x、wxxx txx fxxx⋯」連續中英文的字眼，而且還畫了一個中指，我簡直不敢相信自己的眼睛，這真的是他寫的嗎？

他看起來這麼溫和、可愛，我也很注意身教，常常教導他說話的態度和用語，為什麼他還會大喇喇的寫出這樣的文字？而且還畫圖！

我第一個反應居然是想著他有書寫困難，字體一般都忽大忽小，為什麼這幾句髒話可以連續用同樣大小的字形寫完？這表示在十分專注的情況下寫出，真的很少見，而老師看到時也和我有著相同的疑慮。

這一頁被兩位女同學看到，在課堂中抽走了拿去向科任老師告狀。然後，這個照片就出現在我眼前了。

然而事實是，他和老師認了是他寫的，而且是從家裡 youtube 上學的。

是的，做為家長我有疏忽，我們的平板有鎖住，但是電視上的 youtube 沒有。

那一天上班時，我感覺內心很不平靜，一直氣著想著回去先處理他，和家裡的 3C 安全。到家後我看他的臉色無異好像什麼事都沒發生，我更火了。但是又怕如果先質問他這個髒話事件，他不告訴我前因後果。最後終於忍到了睡前，我像是聊天一般地問他：

「你們去自然課都是怎麼坐的啊？很多人坐一桌嗎？」

「嗯，我們三個人坐一排，對面又三個。」

「那今天，和你同桌的有女生嗎？」

「我對面有啊，小欣和小雯。」

「媽媽聽說，今天她們拿了你的作業簿，請問發生什麼事了啊？」

「因為……因為……我亂寫髒話……媽媽、媽媽我知道錯了，再也不會了，妳不要生氣。」講到這他突然聲音變小，開始身體不安地扭動。

「嗯，寫髒話真的很不好，但是媽媽只是好奇為什麼她們會看到你的本子？你是故意拿給她們看的嗎？」

「我沒有，那是因為她們一直都在擦我的簿子，我叫她們不要擦，她們還一直擦……。」

經過來回的引導對話之後，據他說坐他前面的兩位女孩，一直用橡皮擦擦掉他上課抄筆記的字，他每寫一次，對方就會搶走擦掉，然後他又重寫，對方像是故意鬧的，他寫字已經很慢了，被擦掉很令他生氣。

我考慮到孩子的爭執情況中，常常會說出不一樣內容的故事，小馬講的未必是真的，所以第二天我請老師再調查了解。

　　老師得到的對方版本是，她們說看到小馬寫筆記時寫「不知道」，以及亂畫，於是好心幫他擦掉，請他重寫。只是我在作業本上看到來回擦掉文字的痕跡，我知道或許這個好心，也太過頭了。

　　孩子之間的社交過程，本來就是一個難以單純斷定誰對誰錯的情況，有時候引起爭端的起因也不得而知，或許是各有對錯。但是無法辯解的事實是，最後那個罵髒話的行為是很不好的，那是身為家長要導正的。

　　第二天晚上，我又再次和他聊了這件事。

　　「你是因為不喜歡她們？還是不高興她們擦你的本子才寫髒話？」

　　「我……我不喜歡她，因為她每次在科任課都煩我，我一直叫她不要煩我，但她還是要煩，她一直搶我的本子過去擦，還和小雯一起笑我……。」

　　「所以你就故意寫髒話給她們看？而且還比一個中指？！」

　　「我沒有故意寫給她們看！我只是生氣！我的字很醜……我不知道怎麼辦，別人都笑我！」

　　兩個女孩，一直在笑他寫的字，或許真的也是基於好心，但是動手一直擦他的字，不管小馬是氣誰，我問我自己，能不能體會他的心情？

　　「小馬，如果你對別人生氣，你不喜歡她們的行為，除了罵髒話以外，比較好的做法是直接告訴她們，請不要擦我寫的字。如果你不敢這樣說，也可以和老師報告，請老師幫你處理。」

　　「嗯，我知道了。」

「罵髒話，是最低級最不好的方式，你知道這些文字代表的意義嗎？這些文字代表著你去罵別人的媽媽，如果別人這樣罵你，你能接受嗎？」

「不行。」

「所以，如果下次又生氣了怎麼辦？」

「告訴別人不可以這樣擦我寫的簿子，或是和老師說。」

「對，或許他們會不高興，至少你讓對方知道不可以這樣對你。」

和小馬聊完了這個部分，我突然慶幸，從一開始氣沖沖回家的我，還好沒有直接開罵，否則他可能不會告訴我前因後果，我也不會知道原來這個事件中，還隱藏著他無法發洩的情緒。

當然，孩子社群媒體的使用真的必須被控管，以免亂學不良的訊息。並且要告訴他為什麼這樣表達很不適當，除了避免被耳濡目染，訓練孩子明辨是非，有篩選資訊的能力在現今的網路世代更形重要。

面對孩子不當的表現，開罵之前，請先了解，是什麼原因導致他行為脫序？或許，它的背後，真的隱藏著我們所不知道的癥結點，等待著大人來發現和疏導。

延伸閱讀與探索

許多孩子都不知道怎麼表達自己的感受，例如生氣和憤怒，常常搞不清楚自己發生了什麼事，當內心一有衝擊時，不是忍到內傷，或是就用最直接粗暴的反應，尤其是有過動症狀的孩子，使用適當的言語，平日由父母帶領著做行為練習也是十分重要。

2.7 孩子被霸凌了，要怎麼辦？

　　充滿喜感，臉上常保笑容的小馬，有一次在學校被幾個男同學一起用言語圍攻，其中一位罵他：「笨和牛。」另外一位跟著馬上也說：「對！他就是笨，都控制不好自己！」

　　據說，小馬當時沒有回應，也沒有反對，只是傻傻地跟大家笑。

　　或許孩子們不知道和牛的真實意思，重點只是在罵他有些笨，很像隻牛，但是由老師轉述大意就是因為他又無法控制自己的嘴巴，喃喃自語打擾到他人，所以其他孩子群起圍攻。

　　這就是孩子們霸凌行為和氛圍形成的初始。因為有人不一樣，有人比較弱，所以在團體中比較多數的一方以為可以這樣聯合對他。

　　這個時候，如果老師沒有出面做適時的導正，罵別人的孩子們，久了就會成為慣性，有一天或許就成為了一個會用言語加害他人的人，只是情節可大可小。

　　小馬的 ADHD 過動顯狀就是有無法控制自己嘴巴的問題，我擔心的是大家都要他管好嘴巴，所以他混為一談，連同學笑他，也什麼都不敢反應。

　　因為大家取笑他的狀況發生在科任班教室已連續兩天了，但是他都沒有告訴我。我不知道他是真的覺得自己可以被欺負？還是這件事被埋在心裡，不好意思發作，但有一天會爆發？

善良是他的優點，但是太善良也是他的缺點。臉上常保笑容，是一種溫暖，但是當別人侮辱自己時，他還繼續保持這個表情，並且容許別人越過自己的底線，這就是一個問題。

　　「面對霸凌的情況，家長除了生氣，除了接住和安慰自己的孩子，還可以做什麼？」我把這個問題帶到了心理諮商室，詢問我們的治療師黃老師。

　　老師在我的面前詢問小馬：「你是不是會介意別人這樣講你？」
　　小馬點點頭，於是老師又說：
　　「你要跟別人說，你不可以罵我！來你說一遍！」
　　「你不可以罵我⋯⋯嘻嘻嘻⋯⋯」

　　「哎小馬，你這樣笑，一點都不像生氣的樣子！人家一點都不怕你！來看著我，眼睛瞪著別人兇一點說，你不可以罵我！」

　　「你不可以罵我⋯⋯」小馬有點遲疑。
　　「對！聲音再大聲一點，說，你不可以罵我！我會告訴老師！」
　　「你不可以罵我，我⋯⋯我去告訴老師！」
　　「對！好棒！你做到了，要記得哦，語氣堅定看著對方，告訴他不可以這樣對你，你如果也跟著笑，全班都會以為這樣對你是 ok 的。」

　　看到老師就直接帶著他重新演練這個被欺負的場景對話，我突然覺得，有時候我們對待他人就是該如此的直接了當，學習著說：「不。」

　　「不。」其實是一個完整的句子，而在我們東方文化的思維裡，常常誤以為說「不」是一件負面的事。可是在被霸凌的現場，勇敢說出自己不好的感受，卻是對自己最基本的保護。

黃老師告訴我：「這叫做行為練習，有些話語一定要帶著孩子講出來練習，練習久了，碰到類似情況，反抗的力量自然可以生出來。我們不能只教孩子聽話、溫和、有教養，這是一種正能量沒有錯，但是一定也要讓他知道他也可以有負能量，而且不是亂發脾氣，是要能有意識的表達自己生氣的想法。這樣的表達你要在日常和他練習，不要小看行為練習的力量。」

我想了想，我們小時候是怎麼長大的呢？我那個年代應該是只會說「對不起，我不是故意的」的年代吧！但的確是，不是只有孩子，大人也是。**所謂的能量平衡，其實是一正一負，我們的生活中不可能只有正能量，學習面對負能量適切的表達，能據理力爭，真的是需要練習！**

所以，當孩子被別人欺負或霸凌的時候怎麼辦？

就讓老師和別人的家長去教育那些霸凌他人的孩子，我們更應該重視的是對自己孩子的行為教育，練習如何保護自己，學習著說：「不。」

當然，更重要的是，在此之前，你已經先做好了同理、接住和安撫修補他心靈的每一步。

2.8 叫你不要吵，聽不懂是不是？

有一次在家附近的美容院做護膚的時候，美容師約五、六歲的孩子就在附近的座位上玩，可能因為是周末沒有人幫她帶孩子，所以她把孩子帶在身邊。孩子重複地叫了她幾次：

「媽媽，看我看我！」、「媽媽，看我嘛⋯⋯」

打擾到美容師的工作，於是美容師邊幫我敷臉，側身著轉頭對她的孩子吼了一句：

「王小倫，我跟你講了幾遍？你沒有看到我在工作嗎？你給我閉嘴！」

「王小倫，你聽不懂是不是？信不信我打你？」

孩子似乎還是沒有接收到這個指令，隔沒 30 秒，又一直叫著她。美容師身上要燃起來的那把火，加上她的音量，讓整個房間瀰漫著一股氣勢驚人，一觸即發的火藥味。我是個對能量敏感的人，我感受到憤怒的氣場波動在我周遭散開來，本能馬上把我身體外看不見的防護罩打開，持住我的呼吸，關閉耳朵和眼睛，嘗試著阻隔著那個不好的頻率向我湧來。

小孩是暫時安靜了，但是不出我所料，又沒有維持多久。

美容師是我的好朋友，我知道她的為人，平日是個熱心的不得了的人，對我也很好。看到她和孩子的互動，讓我想起曾經的我自己。

只聽見刀子嘴，卻不見豆腐心

還沒有生孩子之前，我在工作職場上算是一個強悍的人，熟識我的同事可能會說我是一個「刀子嘴、豆腐心」的主管。我在和同事開會檢討或是對客戶協商的場合說話總是犀利，一針見血。如果部屬有錯誤發生，講過一次、二次，再犯第三次時我就開罵了，而且有時候並不給對方留情面。

行事作風之所以如此強勢，除了跟我從小被嚴格教養所薰陶出來的叛逆性格有關，也因為當時的工作正處於開創市場的階段，我很急。

我一個人走的很快，面對外面的風風雨雨，我覺得打仗都來不及了，完全沒有耐心等待同事。另外在企業組織中身為主管要有自己的風格和既定能力，才能競爭存活，不知不覺我就給人一種難以親近的氣場。

但是實際上，我的心腸軟，除了曾經不只一次，借錢給家庭發生事故需要急用的同事外（對方後來沒還錢就離職了），每當要爭取資源時，我總會幫大家和上司說話。曾經有一次整體分配的份額不夠，我主動和上司說，少給我一些吧，分出去。這些事情，我並不會特別和同事講。

大公司會有所謂的內部評鑑，我自以為在「團隊溝通」和「績效管理」上可以打滿分，但是我在不記名的反向回饋中，卻看到了這樣的評語：「主管只顧自己，獎罰不分明。」

任誰看到這樣的評語都會很傷心吧？但是，我後來想想，其實在工作上本來就很難和同事真正敞開心門，因為平日也不習慣互相分享。而同事跟我相處時印象最深刻的，不會是我一個人在海外生病，還為工作拚搏的樣子，也不會是我私下幫他們講好話的樣子，因為他們看不到。他們印象最深刻的是我和他們近距離開會時罵人的嘴臉。人與人關係中的記憶點，往往會擷取那個最壞、有衝突磨擦的當下，因為它是一個爆點。

就像是我們在成長過程中，最常記得的是父母揍我們，我們不會記得原因、也可能父母是為了我們好，卻只會記得那樣的衝突場面。對照我曾經的同事，會有這樣的想法或批判，我現在理解，也已經慢慢釋懷了。

　　==人與人之間不論彼此的關係如何，是職場、或是朋友間的相處，甚至親如父子與母子，說出來的「話語」和「態度」，是需要經過修飾的。這不是不能講真話，而是，我們真的要顧慮到對方的感受。==

孩子需要的，其實只是我們的注意力

　　在美容院裡，我轉頭看了身旁動來動去不停的孩子，他不是故意要搗蛋，他只是需要媽媽的注意力。我們很難要求一個孩子或一群孩子寂靜無聲，因為他們有好動活潑的天性，這是一種自然的動能。

　　「媽媽看我！」、「爸爸看我！」和爸爸媽媽索取注意力是自然的本能，因為在孩子的心目中爸爸媽媽就是全世界，他不會管我們是不是在工作，身邊有沒有其他人，成人和小孩的所擁有的差別就是「控制力」。

　　吼回去！是最簡單的方式，因為我們的聲音更強而有力，我們的氣勢會更為驚人，孩子絕對會恐懼。他那像彈簧一樣的動能，在那瞬間，即刻被抑制壓扁了，我們很滿意，因為我們獲得了短暫的勝利。

　　但下一刻，或是明天會不會再來？會的，因為孩子是彈簧啊！他不是企業主的員工，這個年紀不懂得隱忍。而所謂的員工或同事，被罵了，就算當下忍住了，其實也記在帳上，等候下一個時機可以踢對方一腳。

　　不是說父母不能吼，忙碌又辛苦的父母有時真的被逼到臨界點。吼，也是管教表達的一種呈現，但是吼孩子一句，其實也算是餵他吃一次恐嚇

2.8 叫你不要吵，聽不懂是不是？　　99

情緒的藥，只是它沒有實體，卻也會累積在身體和心裡。等到了青少年時期，累積夠久了，它就反彈成了叛逆。

安定，才是一種超能力

在華人文化的氛圍，讓我們常認為「安靜」是一種良好的能力，但其實我們更該追求和協助孩子擁有「安定」的能力。「安定」是一種身和心在動態與靜態之間的自然平衡。有時候停不下來的孩子，其實是需要更多的運動與可以放鬆的活動，先釋放動能，這永遠是個好方法。

只要內心「安定」，人的身體、行為和心靈就會往安定的方向去。這樣的疏導，不只是對孩子，有時候孩子無法安定，也是對應到父母本身的能量波動，或許父母更該先開始放鬆下來。千萬不要讓孩子只覺察到了你的「刀子嘴」，卻忘了其實你有顆愛他的「豆腐心」呢！

每一個問題的背後，或許都有一個沒有被解決的需求，孩子這樣重複說、講不聽，他的需求是什麼？我們有沒有聽懂他的話、讀懂他的心？

在孩子面前顯示我們的力量，不需要吼叫。我們都是在外面身經百戰的父母，我們懂得以理、以智慧服人，對外人如此，對孩子何嘗不是？

延伸閱讀與探索：

1. 推薦閱讀《心態致勝領導學》，作者瑪麗・墨菲教授，這本書不僅適合職場人士，它的思維更有助於父母教養參考。
2. 讓孩子內心安定的方法有許多，也可以參考本書六～八的章節，相信可以為你帶來一些靈感。

PART 3

打開孩子的心門,
說故事勝於講大道理

把話說到心坎哩,不是只有「說」,更要先能「聽」。

3.0 達成更深層次的心理交流

身為父母親,我們或許在知識上不如專家,但是我們卻是世界上唯一可以和孩子進入更深層的心理交流的對象,請不要浪費這個老天賜予的美妙機會。

我很晚生育,所以我的父母屬於更老的一輩。他們在戰亂流離的時代長大,那時的生活艱苦,很少有孩子能夠和父母親有思想上的交流,因為光是為了活下來都很不容易,而我的父親在 13 歲時因為加入軍校,就永遠地離開了他的父母及家人。

從小,我就是一個在說大道裡、恨鐵不成鋼的教養環境成長的孩子。我的父母沒有受過講貼心話的訓練,但是他們為人誠實、正直、善良、對朋友慷慨,在品行上,我的家庭有極良好的身教。

尤其是我父親,他總覺得好像這一生一定要達到某種成就,才不會讓那位獨自離鄉背井的少年（他自己）,對不起列祖列宗,也因此在有了我們這一代之後,他對所有的孩子難免都有投射心理。

高中聯考那一年,我因為沒有考取前三志願而重考。或許父親早就忘了,當年他有長達快一年沒有和我說話,一直到第二年重考放榜,我考上第一志願,在那天,他才開始和我對話。高中升大學時,我又再度重考,我和父親又再次回到了那個不講話的局面。

面對他的反應,我其實很錯愕,我沒有因為我們父女恢復交流而高

興，因為從小我和父親的感情很好，但卻因為學習成績不佳在 15 歲那年而被關上了溝通的大門。即使後來我出社會了，仍然忘不了，莫名的那段記憶覆蓋了其他美好的記憶，成了平日不會出現的夜晚壓力來源。你相信嗎？我只要白天受挫、或是某段日子因為專案壓力大，在晚上我會一直夢見自己在重考，一直到約 40 歲左右，這樣的夢境超過上百次。

把這件事又說出來，不是在翻舊帳，而是我覺得許多的父母親，可能都和當年我的父親一樣，為了生活太拚，精神上太緊繃了吧！他或許想要和孩子傳達自己的核心理念、建立更深層的聯繫卻沒有更好的方法。我不怪他，我長大了，也能理解他了。

沒有人喜歡聽硬梆梆的大道理，如果我們和孩子溝通的方式只是圍繞著「念書才能有成就！」、「做這件事沒有益處，不准去！」等等命令式話語，其實那只是在各說各話而已，孩子根本是左耳進右耳出。

我自己在職場工作多年之後才慢慢明白，在組織中說話，不能擺高姿態，因為別人不一定會聽你的。越是身段柔軟，給大家一點空間，說話不講大道理的，越能和部門同事取得共識、達成目標。

育兒，亦是如此。

所以，接下來這個章節是我和小馬日常聊天的小故事。**我希望小馬能在我說的故事中仰望他人，並且遇見自己，而因為著這些生活中的小故事，我們能達到更深層次的心理交流。**當然，我們也可以教孩子閱讀，從書中發現真理。但是從父母親口中說出的話語，總是特別令孩子印象深刻的，不是嘛？

3.1 天生我材必有用

「媽媽，我們班上坐我後面的阿凱，他笑我沒有用！」

「為什麼？！為什麼他要這樣說你？」

「因為運動會要到了，他說我太胖，跑步跑的太慢，害大家接力賽會輸！」

小馬回家，癟個嘴巴，垂頭喪氣的這樣告訴我，語氣裡滿是委屈。

我聽了，抱抱他，再回應他：「你覺得媽媽是不是也有一點胖？」

「嗯……」

「那你覺得我有什麼地方慢？有什麼地方快？」

「我想想呀……我覺得你收東西很慢，所以常常被外婆一直唸，哈哈哈，可是你開車和打電腦打字很快耶！」

「那你覺得我胖胖的，和我有時候做一件事慢、有時候做另一件事快，以及和我是不是有用，這兩件事有沒有關係？」

「呃……我不太懂，但是媽媽很有用呀！媽媽很抒壓，晚上睡覺都會幫我按摩腳腳。」

「那就對啦！我也覺得小馬很有用啊！你也很抒壓，而且很貼心，每天都逗我笑，是我的開心果。所以呢！有一句話，天生我材必有用，每個人都有他比較厲害的地方，找到自己擅長的事，就會有出路。」

「可是那他為什麼要這樣笑我？好討厭喔……」

「下次你可以和他說，如果沒有我跑的比較慢，怎麼知道你跑得比較快？你不可以亂講，我可是很有用的。」

「但是我不喜歡被他比較啊！」

「好吧，那我再告訴你一個故事，你最喜歡上台說故事了對吧！你明天去學校告訴你的同學這個故事。」

「嗯……」

「很久很久以前，中國有二個哲學家，一個叫莊子，一個叫惠子，他們喜歡互相辯論。」

「媽媽，什麼是哲學家啦？」

「那我們叫他們老師好了，他們很有學問，也和你跟你同學一樣，話很多，常常互相有意見。有一天，莊子老師和惠子老師說了很多大道理，惠子老師聽不懂，覺得和他沒有關係，一直嫌煩，就批評莊子他說的話都沒有用……」

以下為莊子、惠子的對話

莊子：「你覺得我說的長篇大道理沒有用是嗎？其實呢，我是故意的。」

惠子：「你就只會一直講，全部都是廢話！」

莊子：「欸，這你不懂了，你要先知道什麼是沒有用的，我才可以和你說真正什麼是有用的，比如說你現在屁股底下坐的這塊大石頭，你覺得它有沒有用？」

惠子：「有用啊，它在地上提供了一個我可以坐下休息的地方，其他沒有可以坐的舒服的地方。」

> 莊子:「好,如果把你坐的石頭以下、你覺得沒有用的這一大塊地,通通挖掉,已經沒有地了,那你的石頭還有用嗎? 可以安全的放在上面嗎?它可以自己懸空嗎?你還可以很舒服的坐嗎?」
>
> 惠子:「哇!」
>
> 莊子:「所以說,有用,是建立在無用的基礎上,沒有無用,就沒有有用!其實說穿了,天地間的每一個創作,都有它自然的用處。」

✂ ✂ ✂

「哇!媽媽!這好像很厲害,但是我還是聽不太懂耶⋯⋯」

「哈哈哈!沒有關係,這個故事很簡單,你已經會說了嗎?你下次就自己舉手,和老師說你要講故事,這樣大家就會覺得你很厲害,沒有人敢再笑你了!你的優點就是大方,上台不怯場,這就是你有用的地方!」

「嗯嗯嗯!媽媽你說的很對!我要學起來。」

「嗯,大家都可以亂比較,但是我們先做好自己想做、喜歡做的事,把它做得更厲害一點!但是說到跑步這個運動,不管跑的快或慢,其實跑步對身體很好,跑步這件事就對自己很有用,不要管別人怎麼說,繼續跑就對了,這個週末媽媽陪你一起練習跑!」

「太棒了!嗚呼~謝謝媽媽。」

天生我材必有用,重點是先找到木材適合存放和利用的地方,以及懂得用的人。==做那個懂自己孩子的父母親,知道如何激發孩子「自然的用處」,比做一個一直要求孩子「有用」的父母親,對孩子的幫助更大。==

和孩子溝通的過程，吸引他的往往是故事，而不是道理。常常和孩子說故事，有助於他理解問題，即使他在短時間內仍然不能融會貫通它背後的真義，但是也會因為這個有趣的內容，而把這個故事保存在心中，等待有一天被內化。

凱西的打氣站

1. 所有的「有用」都是經過比較出來的，如果沒有跑的比較慢的同學，何以襯托出其他人的快？
2. 有時候，在不適合貿然出頭的環境，就是因為沒有用，才沒有被處理掉，而教導孩子懂得「活下來」，其實才是最有用的價值。
3. 每一個胖子都是一個潛力股，瘦下來的都是帥哥和美女。找到孩子願意健身的內在驅動力，鼓勵孩子健康瘦下來。

推薦閱讀與探索

推薦閱讀《四季禪》套書，作者蔡志忠。套書分春夏秋冬四季的禪說故事與生活小練習，尤其上面有作者的漫畫，淺顯易懂，也很適合拿來分享給孩子生活的小道理喔。

3.2 會溝通的大樹爺爺

　　清明時和婆家親人，小馬的姑姑和奶奶去三芝山上祭拜他的爺爺和大伯。我沒有一定要遵循的信仰禮節，我認為所有的思念都在心中，但嫁雞隨雞，我跟著入境隨俗。

　　小馬從小就不怕去墓園，每次去，他對於菩薩身後那棵大松樹落下的松果，總是感興趣。這一次也不例外，他開心的四處尋找更大的松果。

　　突然聽到他說一聲：「踢你！」然後他一腳突然踢了那棵松樹。

　　在一旁的舅婆看到馬上制止著說：「不可以！」

　　我也在遠處大喊著：「你在幹什麼，趕快和大樹道歉！」

　　他一連被兩個大人唸，心不甘情不願的說：「大樹對不起啦。」

　　回到家，晚上洗澡前我想到了白天的事，於是問他。

　　「你為什麼要踢樹？」

　　「我想這樣它會搖一搖，可以掉更多松果下來呀！」

　　「結果它有搖了嗎？」

　　「沒有，它太硬了。」

　　「你知道一棵樹要長這麼大要多久嗎？它都可以做你的爺爺了。」

「可是它只是樹呀，又不是人。」

「你有沒有覺得站在它的底下特別涼呢？」

「有呀！為什麼？」

「因為樹爺爺提供了的樹枝和樹葉幫你遮太陽呀！你不怕曬嗎？」

「不怕，我又不怕太陽！」小馬小手插著腰，理直氣壯的說。

「好吧，但是你知道這棵樹是種在那幫菩薩遮蔭的，它同時也看顧著你爺爺和你大伯墳墓的。有些樹還沒有長成大樹就被人拿來利用，做成了傢俱。有些因為我們要蓋大廈，所以只好被砍光。有些樹四季提供它的花朵、果子給人類做各種用途，還可以醫病，它的樹葉散發出香氣，會把我們每天呼吸的空氣變乾淨，所以你不會容易過敏。每一棵樹就像一位在地球的神仙，不管人怎麼對它，它還是在那守護著人們，所以，你怎麼可以踢它？」

我一連串的訓話可能也太快了，小馬似懂非懂地看著我。

「真的嗎？那它會不會生我的氣？」

「你明天去學校，找一棵最大的樹，和它說話，請它轉告三芝山上菩薩後面的樹爺爺，你現在知道了踢它不對，誠心的道歉，或許它會幫你轉告。」

「哦……好！可是我們學校的是柳樹呀，山上的是松樹啊，他們兩棵樹隔這麼遠怎麼講話？」

「每一棵樹在你看不到的土地下，都有很大很長的樹根，它們透過樹

根連到另一棵樹的樹根，或是它們也可以透過泥土、地底下流通的水分和微生物傳達消息，別忘了，他們都是神仙，他們也可以保佑你。」

「真的嗎？」

「自然萬物，都有它溝通的方式，就像你在海邊撿到的大貝殼也可以聽到海的聲音一樣，不要隨意侵犯所有的動植物，要尊重它們，因為我們都住在同一個地球上。」

「好，那我也可以和柳樹說，我想爺爺嗎？請他幫我傳話嗎？」

「當然可以囉，學校的柳樹爺爺，一定會告訴山上的松樹爺爺，然後松樹爺爺會用他的方式幫你告訴已經升天堂成仙的爺爺。」

「哇，太棒了！那以後考完試我都可以告訴爺爺我考幾分了！」

「嗯，也是可以啦，只是你首先要有進步，至少要考及格啊！要不然你每次告訴爺爺你國語、數學考十幾分，他應該會更擔心好嗎！」

「好！那我一定會努力的！」

小馬點了點頭，像發現一個祕密通道一樣的開心的旋轉起來。

除了學校的課本、買來的讀物，其實生活中俯拾皆教育題材。特殊兒或許在學校不能好好上課，在還沒有找到解法前，與其全家怨天尤人，還不如平常聊天時換種方式，用他可以聽得懂的小故事來陪伴教育他。

找到和孩子溝通的頻率，就如同地底下的柳樹根和松樹根也可以透過土壤、水分和菌絲感應連結找到傳遞訊息的方法。

==每一天，我們送給孩子的養分，即使沒有及時發生在學校學習上，也==

110　Part 3 打開孩子的心門，說故事勝於講大道理

可以經由一篇篇媽媽創造的小故事，滋養著他的心靈，有一天或許會在另一個場域萌芽。

📖 延伸閱讀與探索

可以閱讀本書第八章 p274：8.8「呼叫大樹爺爺溝通法」，有意識的帶孩子感覺到自己與自然同在，以及被樹爺爺接住小祕密的美好，接近樹木的當下也可以幫助我們排除二氧化碳、好好呼吸、有益健康，同時也間接培養了孩子專注、覺察與分享的能力，好處說不完！

萬物一體，只要靜下心來，就能找到與大樹溝通的方法。

3.3 關於比賽，那些父母想教卻無法教我的事

「阿北加油！阿北加油！好棒！阿北又得分了！」
「哇！媽媽我好緊張！」
「媽媽妳看，他怎麼輸了，他沒有得分，他好可憐喔，我好難過。」

小馬進小學的前三年幾乎都是在疫情間渡過的，學校沒有大型活動，更沒有校慶和運動會，2021 年小馬一年級升二年級暑假時，第一次經驗到的大型運動比賽，是在電視前和媽媽一起觀賞東京奧運轉播。

我還記得那一晚，他目不轉睛地看著電視上正轉播的莊智淵對埃及選手阿薩晉級東奧桌球 16 強奮戰，懵懵懂懂的他知道穿藍衣 40 歲的莊阿北代表台灣，而另外一位穿紅衣的選手是代表另一個國家，他理解同是台灣人，我們一定要幫來自台灣的莊智淵加油贏得這場比賽，但是最終，莊智淵仍不敵年輕高大的對手以三比四飲恨落敗。

看著電視上莊智淵有點落寞孤獨收拾東西的身影，還有在一旁氣嘟嘟的小馬，我抱了抱小馬，嘗試用他聽得懂的話和他解釋：

「對，阿北輸了，但是他不可憐，因為他練習了很久，一直為上台做準備，這不是一般人可以去參加的比賽，他們通通都是世界上頂尖的高手，能夠被選上代表國家去奧運比賽的都很厲害。阿北明知道自己的年紀不比其他選手年輕，也知道最後有可能不會贏，但是他還是全力以赴，堅持到底，他今天打得很棒，你看到這樣來自我們台灣的阿北上台比賽是不

是感覺到很驕傲很感動啊？」

「嗯，我很感動。」小馬似懂非懂很用力的點點頭。

2024年暑假，我們又一起看電視觀賞了莊智淵的巴黎奧運最終戰，莊智淵在桌球男團八強賽前止步了，第三局下半，比數來到九比十，莊智淵不敵日本頭號高手張本。電視鏡頭先帶到張本贏球興奮的又叫又跳，又帶到莊智淵，只見他左手放在胸前，仰頭一笑，臉上的表情似乎百感交集。

小馬看到這一幕，跟著哭了。經過了三年，他對於比賽和榮譽這件事有了更深刻的感受。

深夜，小馬睡了，我突然開始思考，關於比賽，我以後該怎麼和他溝通「輸」並不一定意謂著是失敗，而「贏」也不一定代表著成功的道理？我感覺所謂的勝不驕、敗不餒這種運動家精神的意義，對十歲的孩子來說實在過於抽象。

現實生活中，面對學校中的總總競爭，不管是學業或是其他活動，因為他遲緩和過動的特質，也大部分處於一個落後的狀態，應該說，不只是落後，而是倒數。常常為了安慰他被比較和自卑的心情，我需要花很大的功夫。

和孩子解釋贏的滋味，很容易，就像是考試考100分，在學校老師會嘉獎，回家爸媽會說好棒棒，甚至現在連達美樂每學期都可以用100分考試成績單去換免費披薩。

拿冠軍，贏才是王道的感覺，這是整個學校和社會都自然形成的氛圍，不用爸爸媽媽教，每個孩子從小就一直被薰陶了。

但是如果和孩子解釋，就算是一時受到挫折輸了，只要努力就可以再贏，這似乎又走回了贏才是王道的輪迴，這麼努力就是為了反敗為勝，這樣的比賽聽起來又很功利，那到底我要怎樣解釋和教他比較好呢？

況且，天底下的父母，有誰會不想自己的孩子贏呢？

隔天早餐時，我翻出來三個月前學校發給小馬的進步獎狀，再解釋一遍輸和贏真正的意義給他聽。

「你還記得這張獎狀嗎？」

「記得啊。」

「你記得你為什麼會得到這張獎狀嗎？」

「因為我考試很好啊！？」

「不對，因為你考試有進步，你從上學期的 40 幾分進步到下學期的所有科目小考和期中考平均有 60 分，老師看到你的努力，很欣慰，因此請學校發了這個獎狀給你。所以不一定要考前三名也會有獎狀，雖然你和別人比賽可能還是輸了，但是現在你是和你自己在比賽，現在考 60 分的你贏了以前 40 分的自己。」

「那我之後如果考試進步到 80 分，老師還會給我獎狀嗎？」

「我不知道，要看學校喔！也要看考試的難易度。所以你不一定會有獎狀喔！」

「真的嗎？那沒有獎狀別人怎麼知道我很厲害？」

「傻孩子，你自己知道你比以前的自己厲害，還有媽媽也知道你有進步就好啦！」

「那阿北昨天輸了比賽，你叫我不要替他難過，也是因為他有進步嗎？」

「哈哈哈！你腦袋一直想著昨天的阿北。以阿北這個年紀和他有過的歷練，他已經比過太多的比賽，他的人生可能已經有了不同的目標和眼界，不再只是想要拿獎牌。對媽媽而言，看到他在奧運會這種厲害的地方努力的「怕周球（台語）」給他的兒子和全台灣的人在電視前看，就已經十分了不起了，我覺得他已經贏得了這場比賽了啦！」

小馬聽了若有所思，似乎是多懂了一些。他高興地吃完早餐，問我今天還有什麼台灣隊的比賽項目可以看。

關於比賽，即便我很著急的想要和孩子有更多的溝通和解釋，讓他知道一時的輸贏不足以論高下，但是人生中的賽事畢竟還是他自己要在成長過程中去經歷、摸索和體會。

或許身為母親，我唯一能做的就是當個忠實的啦啦隊，**鼓勵孩子多嘗試不同的挑戰，找出自己的獨一無二堅持下去。如果未來有機會參加任何比賽，與其畏懼失敗，不如努力迎賽**。就像我們在電視銀幕前，大聲的替每一位參加奧運上場的台灣選手加油一樣，不論輸贏，他們都值得我們為之喝采！

想要教孩子關於比賽的意義，我想至少先要從父母和孩子一起坐下來觀賞一場比賽開始。解釋比賽的規則增長知識之外，同時也欣賞大師的風範，讓他被比賽場上每一位英姿煥發的選手所激勵，從做個有榮譽感且有風度的小啦啦隊先開始吧！

3.4 不管是周杰倫、風笛或是嗩吶,都是學習

小馬從小就喜歡音樂,算是蠻有節奏感,這可能和我的胎教有關,我是個一天會聽音樂兩個小時以上的人。

從他讀幼稚園大班開始,我們也加入了「學鋼琴」的項目,主要是訓練指頭運動、手眼協調、也是讓早療變有趣的方法之一。只是同齡的孩子學鋼琴一年的進度,對於精細動作不發達,又無法專注的他,可能要花兩、三年的時間以上。

有一次,我在車上播放了周杰倫的《聽媽媽的話》,當再聽下一首歌曲《東風破》的時候,他居然問我:

「媽媽,這首歌和上一首歌是同一個人唱的吧?他叫什麼名字?」

「他叫 Jay,周杰倫。哇,你好厲害～你怎麼知道是同一個人唱的?」

「因為音樂的感覺和聲音很像啊!」

是啊!我當時不以為意,心想周杰倫唱歌時的咬字獨特和一貫的周式曲風,任誰都聽得出來吧!

小馬六歲開始從邊玩邊彈,學到八歲的時候,練琴上遇到一些關卡。識譜早不成問題,但邊看譜、左右手互相協調還有跟上速度仍很挑戰。

有學過琴的人就知道,老師不僅會要求要指法正確,彈完還會要求跟

上設定的節拍,這樣一首曲子最終的呈現才會好聽、才能過關。小馬常常一首歌練了多次速度還是跟不上,他練著練著就哭了,這對他而言是一大挑戰。

有一次的鋼琴課教到一首《蘇格蘭風笛》,是一首進行曲,學這首要很有節奏感,上了三次課、快一個月都無法過關。那天下午要上鋼琴課驗收,上午我們特別加緊練習。我還記得當時我們住家的對街有些吵,因為有一戶鄰居在馬路上搭棚辦葬禮,請來電子花車擴音唱誦著,他一直無法專心。

我嘗試的跟他解釋風笛的曲風,在 Apple Music 和 YouTube 上找了半天,找不到和鋼琴譜上一樣的童歌,於是只好隨便選了幾首,樂器是蘇格蘭風笛的曲子播放給他聽。

沒想到,聽完,他點了點頭很自信的說:

「好,我知道了!嘟答、滴答、嘟答搭滴答……,這不就和媽祖一樣嗎?(他指的是媽祖遶境的車隊音樂),還有現在對面送阿嬤的音樂(送葬)。」

「嗯,它們不太一樣,但是你這樣形容好像也對啦,它們都是管樂器。」

「哪裡不一樣?聲音都很吵。」

聽他這樣說,突然間我的眼睛一亮,他的聽覺算敏銳,知道這兩種音樂的同質性,還有用「吵」來形容他的感受。

「蘇格蘭風笛從歐洲來,你還記得五大洲裡的歐洲嗎?它的樂器叫風

笛，它長這樣。但是跟著媽祖出門時吹的樂器長這樣，它叫做嗩吶，它是中國的樂器。不過你會覺得它們很像也是對的，因為它們都是人們吹著管子，從管子裡發出來的聲音，但是風笛有好多管子，下面還有一個袋子，嗩吶只有一個管子。」我隨手滑著手機裡的圖片解釋著。

「媽媽，那阿嬤死了也變成媽祖嗎？為什麼送她的音樂也一樣？」不知道為什麼小馬會這樣聯想，但孩子的問題本來就是千奇百怪，我覺得這是很棒的發現。

「喔，不是的，阿嬤過世了就去了天上，她不會變成媽祖，媽祖是神明，但是阿嬤去天上神明會照顧她。只是我們以前的人都會用嗩吶來吹奏音樂。」

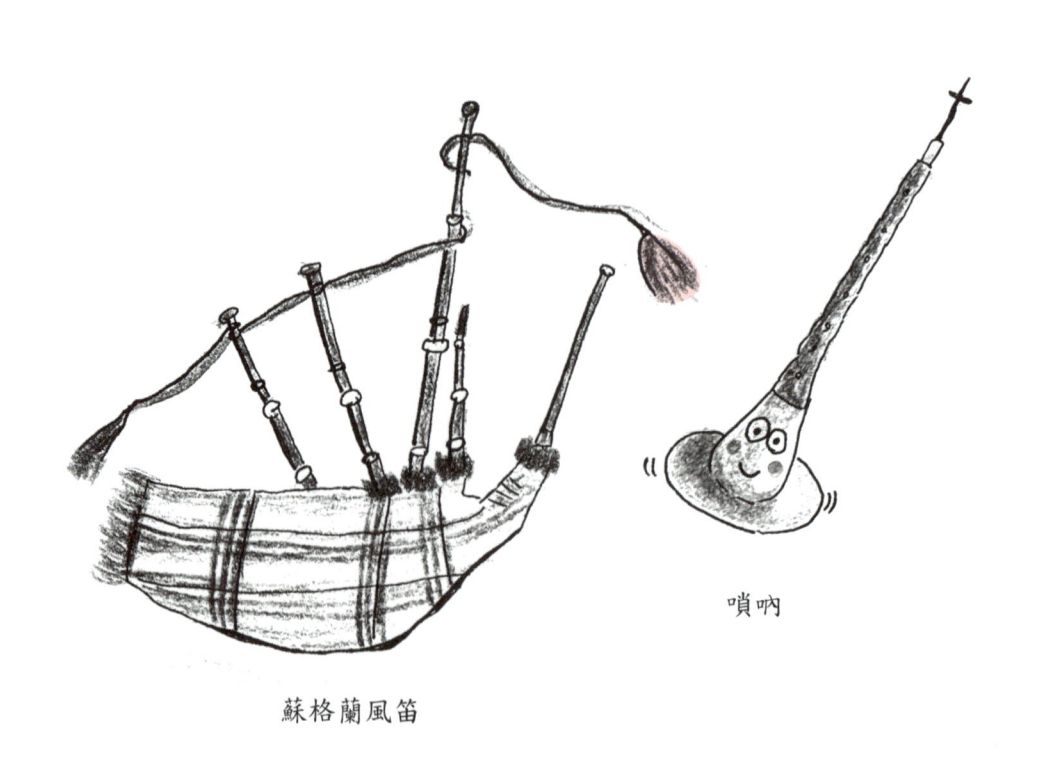

蘇格蘭風笛

嗩吶

「為什麼？」

「為什麼？！你等一下啊，我查查。」他的問題還真多，我趕緊又 google 查了維基百科，馬上接著說：

「因為第一，嗩吶這個樂器比較便宜，以前的人不用花很多錢就可以擁有，而且它也可以邊拿邊吹，所以在路上遊行很方便。第二，嗩吶很大聲，只要它一出場，其他的聲音都會被比下去，就像你說它很「吵」一樣。第三，嗩吶的聲音，很像家人拉高嗓門的哭喊聲，希望藉由它的聲音送著阿嬤走，因為阿嬤已經在往天上的路上，這個樂器的聲音要大聲一點才能傳到天上給她啊。但是你現在要練習的是蘇格蘭風笛，不是嗩吶，所以我們可以回來看譜練習了嗎？」

「那蘇格蘭風笛也是要學哭哭的聲音嗎？」

「蘇格蘭風笛，古時候它們是打仗時拿來吹的喔！」這時候，大學時代在國外有選修過兒童奧福音樂並且拿過師資證書的媽媽就得意了，總算有知識派上用場。

「打仗為什麼要吹風笛？」

「因為蘇格蘭這個地方是高地，有高高低低的山丘，風笛也很高亢大聲，所以即使，在另一個山丘上吹奏，這邊還是可以聽得清楚。吹風笛時就好像兩個人在講話一樣，打仗時可能前面的人就會吹著風笛告訴後面的人，他看到了什麼地形或是敵人，後面的人就可以回覆，首領決定怎麼做，進攻或是後退。風笛可以拿來溝通也可以拿來演奏，你聽它的聲音是不是很威武？很像英雄？打仗前演奏風笛也可以增加大家的信心啊。」

「媽媽，喔～我知道了，所以妳的意思是這首歌要彈很快嗎？」

「也不是一定要很快,當他們準備要打仗時是不是要很有信心?所以你彈這首蘇格蘭風笛時要很穩定,要像英雄一樣,表現出來它的氣勢,如果你彈得速度一下快一下慢,是不是會感覺心情很亂? 那就只是像你說的很吵了,而不是形容這個軍隊很整齊、大家挺胸立正站好的感覺。所以小馬,你要試一試很有信心的感覺嗎?」

「嗯,好吧,要有信心!要像英雄!」小馬鼓著腮幫子,身體坐直,兩手端正的擺在琴鍵上,好像下定決心一樣。

「對!你的手指尖在指揮著,替整個軍隊打氣,你要很有信心才行!」

於是,有了對面在天上的阿嬤和蘇格蘭英雄的加持,經過了 30 次的重練,數不清的擦眼淚鼻涕,最後小馬終於跟上了節拍器,彈出了一首威武雄壯的《蘇格蘭風笛》。

懂小馬的鋼琴老師,發現了他的天賦

「媽媽,你知道他其實每首歌能彈完都是用背的嗎?所以一首彈這麼久才能過關。」

小馬的鋼琴課老師,嘉寶老師在某次課後這樣告訴我。

「我知道,因為他其實沒有在看譜,他很難同時看譜又顧手指和速度。」

「所以,為什麼一首歌要練三、四週,因為他完全靠聽力學琴啊!居然還可以學到現在沒有中斷,看來是真的喜歡。」

「對啊!只是我覺得他看譜的能力一直都還是很弱,常常會看錯行,這樣下去,好嗎?」

「媽媽，換個角度想，靠聽覺記憶學琴其實也是一種天賦，不是嗎？最重要的是，他喜歡音樂，而且他一直沒有放棄學下去。」

我不能不同意嘉寶老師的說法更多了，老師沒有批評他無法同時兼顧手眼協調能力，還有因為專注力不足學得很慢，但卻也發現他和別人不同的音感特質。我們運氣真好，遇到一位願意給他時間懂他的音樂老師。

偶而，我觀察到小馬也會假裝正經一下，好好看譜，表現姿態給外公外婆看。雖然只有我知道他其實不看譜，但是我也不拆穿他。因為不管腦中記憶的是周杰倫、蘇格蘭風笛、嗩吶或是鋼琴，它們通通都是生活中不同的學習啊！

<u>學習才藝的過程中，才藝本身要能先療癒孩子的心，其它的，都只是技法而已。</u>

延伸閱讀與探索

透過接觸感興趣的事物過程,直接或間接的吸收到不同的故事、文化和技術,在享受音樂的當下練習著專注、訓練手指又能陶冶心性,這已經是學才藝最大的收穫了。就算不學任何樂器，也鼓勵父母親們把音樂帶進家庭生活中，一起和孩子感受聆聽音樂的美好。請見本書第八章，8.9 p278「一起聆聽音樂吧」親子儀式小練習喔。

3.5 如果你現在放棄，你的願望就結束了喔！

最近看到社群媒體上，一家補習班發表了一位家長給她的兩個孩子排的學習課表，除了課業還有滿滿的才藝，從每日早上六點起床到晚上十一點才睡覺，幾乎比任何一位大人還精實，令人驚訝，因此網路上對這位孩童家長有許多酸文。對於他人家庭的安排，其實不關我們的事，我們能顧好自己的孩子就很了不起了，我比較傾向於相信這是補習班增加自己曝光度的操作手法。

不過那則貼文也引起了我的反思，是不是我該讓小馬的課外學習再減少一點？每次看到他練習鋼琴彈不好就哭了，我都在想是不是乾脆就放棄不要學了？雖然小馬現在一周只練習三～四天，一天最多只有 15～20 分鐘，這樣的練習量，算是輕鬆的安排。

這一次他又發作了，每週帶他出門學鋼琴、陪伴彈琴我也很累，有時候賭氣的想，或許不用再浪費彼此的時間了？但這時，我心裡的另一個聲音又出現了，萬一他真的喜歡呢？沒有一件事是不經過練習，就能嚐到美好果實的。萬一，因為我的不夠堅持，他的興趣因此而被抹殺了呢？

孩子該不該學才藝，有時候真的會讓家長陷入天人交戰。

到底是你想學，還是我逼你學

「你怎麼又哭了呢？這首曲子只是彈到第四遍而已耶！還是你不想學了？」

「不要！我要學！」

「你告訴我，你為什麼要學？」

「因為我喜歡音樂，我的願望就是會彈鋼琴，彈我喜歡，很好聽的歌曲。」小馬此時此刻振振有詞的說。

「可是你練不好就哭，或是不肯練，這樣看起來很勉強耶！」

「沒有，我哪有？」

「現在就是啊！你為什麼哭呢？」

「因為它很難啊！」

「這首曲子是真的很難？還是你覺得手不聽你的話，很吃力？或是你看不懂琴譜？它的音符跳來跳去？」

看看別人的努力，想想自己

我常常和他討論這種問題時會覺得很生氣，雖然我知道心理師都叫我們要先同理，要先哄孩子、接住他的情緒，但是有時候在現實上真的很難。做媽媽的在上下班忙碌的一天過後，碰到磨人的孩子，是極大的修行。但是最後，我還是耐住性子，選擇好好溝通。

「我覺得我的手指都沒有力氣，它站不好，所以我一直彈不好，很難過。」

「也沒有一直啦，你才練習四遍呢，剛剛已經彈的不錯了，你怎麼知道再過幾遍會怎樣？說不定更好啊！」

「可是每次團練表演的時候我都彈的最差。」

「小馬，你告訴我，想要彈琴真的是你的願望嗎？」

「嗯～真的！」

「小馬，沒有人天生就會彈好鋼琴的，就算是手指很有力氣的人，他也需要練習，你只是沒有耐性，很不容易集中注意力。但是，如果你現在放棄，你的願望就結束了喔，你如果沒有再堅持一下下，至少把這首曲子彈好聽一點，你可能也不會想練下一首曲子了。記住，你的願望是可以彈你喜歡的曲子，所以你是要彈給自己聽的，不是彈給我聽的。」

「媽媽～它真的好難嘛～」小馬說著說著，又哭了。

「小馬，你還記得我們上次去天母看畫展，有一位媽媽的朋友謝美容阿姨嗎？媽媽那次也買了一幅美容阿姨創作的畫，叫做『貴於情』。」

「記得啊！」

「那請問你，她是用哪裡畫畫？用手嗎？」

「不是，我記得她用嘴巴。」

「她為什麼要用嘴巴畫畫你知道嗎？因為她是脊椎受傷患者，很不幸她年輕的時候癱瘓了，只有脖子以上有感覺，只能用嘴巴畫畫，所以我們

稱呼她為口畫家。但是小馬,用嘴巴畫畫是不是更難?如果用手是不是比用嘴巴畫畫還簡單?」

「對啊,用手簡單多了,我不會用嘴巴畫畫。」

「你當然不會,可是美容阿姨她沒有選擇,她只能努力練習她的嘴巴,讓嘴巴可以作畫,因為她想要用畫畫告訴全世界,即使不能用雙手,她還是可以創作,她沒有放棄自己,你看她畫的美不美?」

「你說我們牆上的這一幅嗎?很美啊!」

「所以小馬,如果你肯努力練習,用你的雙手創作,你的手就會變出魔法,彈出好聽的樂曲來,只差幾步,你就可以達成你的願望了。」

「嗯~我知道了媽媽,只要多練習,就會彈的很厲害。」

「好了,我沒有要你彈的很厲害,你只要有進步,聽自己彈的琴覺得很好聽,很開心,以後願意主動練習,就好了。」

小馬點了點頭,擦了擦眼淚,先深呼吸了一口氣,然後開始練習下一遍。

做為一個手部精細動作遲緩的過動兒,小馬從六歲開始學彈鋼琴,到目前十一歲,他學的非常慢,但是他到今天為止,還沒有放棄。

熱情需要培養與灌溉

其實,我知道他是喜歡彈琴的,只是有興趣,不等於「願意練習」。也或許他是受專注力和肌肉協調的影響,彈起來真的比一般人吃力。**大部分願意苦練一項才藝的孩子,都至少對這個項目不但有興趣,而且要能有**

熱情。但是熱情並不會一開始就出現，它是需要培養和灌溉的。

對於小馬而言，一旦他自己決定要繼續學鋼琴，我能做的就是陪他撐過願意練習的關卡，慢慢的讓他的雙手彈奏出令人愉悅的曲目。如此，優美的音樂自然會成為回饋他大腦的獎賞，這個迴路要先建立，否則，他的願望應該很難實現，更不要說，能夠產生熱情了。

我始終覺得，**學習才藝，是給孩子一個機會，找到除了學業以外和世界接軌的方式，讓孩子有了可以自由地向他人表達感受和熱情的連結**。這樣的連結可以跟著孩子一輩子，這也是我們讓孩子學習才藝的目的，讓他們在人生旅途中有機會能享受更高層次的快樂，至於要學到多厲害，那完全是其次。

就像是我的朋友，口畫家謝美容，即使身體不方便，她仍然想用她的嘴巴，好好地展現她心中的美麗，我相信她懷抱的，不只是熱情，而是生命力。

3.6 我的外公，英雄不怕出身低

每一次看到朋友在孩子期中、期末考後很計較成績，有時候還會在臉書上哀嚎，我都只是笑一笑，不置可否。我總覺得人生中有很多機會考試，現在考不好，不代表以後不會好。

只是小馬升上五年級的第一次期中考試，他平均每一科考的都很不理想，比四年級的分數級距掉很多，除了五年級課業更難之外，我們老是在追功課，有消化上的問題，不只他吃力，我也很有壓力。

有時候真的很怕他永遠追不上，做為家長，要說不在意分數似乎有點矯情。但是還好，至少我自己曾經體驗過「考最後一名」這件事，而且不只一次，我自認對於孩子學業表現的包容性，還算是沉的住氣。

一段被嚴厲管教後大反撲的成長經歷

小時候我是個成績優異的孩子，小學考前兩名是常態，如果沒有考到前三名，我不敢回家。但是不知道為何進入了青少年時期，我的表現有了180度的轉變。在高中，我的英文和數學程度卻還停留在國中，人坐在教室內，靈魂不由自主會飄走。最後因學習狀況不佳，轉了三間學校。這段成長歷程，讓我的父母親傷透腦筋，完全摸不透到底我發生了什麼事。

在我讀書的那個年代，還有所謂的大學聯考，記得第一次我英文考18分，數學26分，總共考了三年仍是沒有考上大學，這在老一輩的觀點裡是件很見不得人的事，我的父親為此很生氣，完全不和我說話。

在台灣走不通的求學路，輾轉我到了美國求學，那時候覺得死定了，因為我的英文很差。沒想到一年後，我卻是學院裡少數幾位通過 ESL（English as Second Language）最高級測驗，那意謂著我終於可以轉學到四年制大學，開始了我在台灣怎麼樣也無法踏上的大學路。

我還記得當時打開成績單，看到「PASS」這四個單字時，我都快哭了，回宿舍馬上用英文寫了封長長的家書給父親告訴他這個好消息，在那個手機不普及，要打國際長途電話的年代，為了省錢我大多只能寫信回家。

據說隔著太平洋的父親，讀完了那封文情並茂的英文家書，知道他的女兒終於可以朝向大學殿堂邁進，也不禁老淚縱橫！現在回想起來，我其實很在意父親的感受，我只是想讓他知道，我沒有這麼差勁。

有了這一段特別的成長經歷，我對台灣填鴨式的升學考試制度其實是反感的，我覺得自己繞了好大圈才找到讀書的目的。

考試成績真的很重要嗎？

我曾經很大聲地說，考試分數真的不重要！我會和別人分享：「你看看我這個當初考最後一名，沒有大學念的孩子，不照樣活得好好的？」，而且我現在還成了每天講英文的海外業務呢！

但是自從小馬出現疑似學習障礙、考試頻頻出狀況後，我卻成為全家最有壓力的人。因為常常被認為我沒有教好他，或是沒有用對方法。坦白說，我和那些會受孩子考試成績影響、會在臉書上抒發心情的媽媽朋友一樣，雖然是孩子在考試，我們卻比孩子還用力！

霎那間，我同理了當年的我的父母親。

也是在陪伴小馬走這段學習困難的過程，我又重新梳理了自己年少時的考試心結。雖然小馬這次期中考成績很不理想，但是我希望他能理解，不管他現在的成績是如何，只要他肯努力，他都可以改變自己的未來。

於是，我告訴小馬下面這段關於我的父親（小馬的外公）在 823 砲戰時的故事。

英雄不怕出身低

在我從小的印象中，我以為父親的英文程度應該是優秀的，因為他退伍後在外商工作，有許多外國友人，看起來他溝通無礙。一直到近幾年，和他聊起過往，我才知道原來事情全然不是這麼一回事。

父親今年 95 歲，1949 年隨軍校來台，是台灣最後僅存少數的老兵之一。他曾經是一名負責飛機維修的機械官，在 823 砲戰最緊急情況之時，他是桃園機場主要帶隊維修近百架 F86 戰機的無名英雄。父親表示 F86 戰機是戰爭開打時，美軍連夜送來救援台灣的，當時完全來不及正式交接，台灣的飛行員就把飛機開上戰場了。當一架架受傷的 F86 從前線回來時，在現場卻沒有人看得懂 F86 英文的維修手冊，我父親自願漏夜翻譯，與指導士官兵們維修，曾經有一個禮拜幾乎完全都沒有睡覺，累到最後被擔架抬出去，最終台灣因為這些無名英雄才能擋住那場入侵。

在那個戰亂的年代，士官兵大多沒讀什麼書，就算父親是軍官，但學校在逃難時期也沒有什麼好的師資和工具可以讓學生有系統的學習。改善父親英文程度的關鍵，是在美援時期，他曾經有機會和美國技師一起比手畫腳學習修飛機，而且爭取到兩次出國受訓的機會。

為此，父親其實很自卑，因為他曾經是被飛行學校淘汰的學生，那時候的空軍孩子，都夢想著飛上天空，但是他卻沒有被錄取。他自認素質上和被錄取的飛行員差人一等，並且沒有正式好好學過正統的英文，雖然父親努力把握每一次自學和進修的機會，甚至後來出國學成歸來當上維修教官，但仍是深深的自覺不足。

據他說，當時他們講的是 GI English，意即 Government Issue English，那是二次世界大戰時，在美國軍中特有的口語，多數為專有名詞，還有較粗俗的俚語，屬於軍中較中下層的溝通方式，不是正統英文。

為了想要得到難能可貴的留學機會，父親自修英文，並通過考試，成為當年極少數從台灣送去美國學習飛機維修的種子學員。

父親四十幾歲時，已離開軍中，在民間航空公司工作，但是他心理上仍是覺得自己不夠好，尤其是英文。當時上司看到他的履歷希望他能接「Contract Manger」的職務，專門負責去各國談維修合約，他覺得自己英文沒有到達商業談判的水準，而且不夠正式，所以他放棄了。

每次講到這段回憶，父親總是有些遺憾的說：「要是我那時有自信、有能力接下那份工作，我就發達了，也可以給你們更好的環境唸書或是至少留下一、兩棟房子……。」

聽完了，不禁莞爾，我拍了拍他的肩膀安慰他：

「老爸呀，你已經在那最有限的環境中，做到了極限，並且，用那僅有一點點的資源和世界接軌，發揮所學，貢獻國家了。在我們眼中，您已經發達了！就算您的起步是 GI English，又如何？」

不管是我的成長故事，或是父親的成長故事，我覺得都值得和我們的

下一代分享，如果我的父親當年早一點和我分享這個故事，而不是只講大道理要我好好唸書，或許我也不會經歷這麼強烈反叛的青春期，也更能夠理解他想要我有成就的心情。

==小時候的考試成績到底重不重要？它當然重要！或許把考試當成一個定期檢視孩子學習狀況的關卡，不要被一時的卡關或得分所牽制，比分數更重要的，是想辦法激發孩子持續前進的動力。==

小馬非常喜歡這則關於外公的故事，因為他終於知道了他的外公是英雄！希望你讀到這裡，也會喜歡。真的，多和孩子講故事，尤其是分享自己家人的故事，孩子的內在會因此得到更大的支持與力量。

凱西的打氣站

1. 不用追逐他人，只要願意持續學習，相信孩子自己會走到更遠的地方。
2. 用句點的思維，我們看到的只是考試的分數；用起點的思維，我們看到的將是孩子的無限可能。

3.1 所有的等待都是值得的

在我們家，大人和小孩間最常溝通的兩個字就是「等待」，好動如小馬，最無法控制的也是「等待」。

我喜歡旅行，即使我的先生長年在國外工作，不能常常加入，我仍然會自己帶著年邁的雙親和小馬一起出去玩。不管是在國內開車，或是去國外自助行，只要老人家走的動、小孩願意跟著走，想到就出發。

隨著雙親的年齡越來越大，這幾年的旅程必須以照顧年邁雙親的身體為主，我總是期望小馬可以當一個小幫手，但是往往這個期待都落空。

等待真的這麼難嗎？

有 ADHD 的孩子，特質就是不能等一下，我要如何打敗這個不能等待的大魔王呢？

每當旅途一開始，就是一連串的等待，因為父親走路不方便，所以走路要等待、上廁所要等待、上下車要等待、吃飯要等待，所有的需求都是要以長輩為優先，有時候我回旅館房間太累了，不能再陪小馬出去游泳，他很鬧，但也還是要等待。和他說：「你可以等待嗎？」，好像聽懂了，但又有聽沒進去，隔沒幾分鐘又再犯，於是我只好重複再溝通。

即使我修養再好，也是有一個人扛不住壓力，接近崩潰的時候。尤其當老的和小的一起都不能聽話和等待的時候，我真的就會理智斷線了。

在等待時提供替代的方案

當說破嘴也沒有用的時候，晚上共讀一本好的橋樑書，往往可以發揮還不錯的效用。也可以在當下給孩子一本書，看書，就是和種種子一樣，你不知道它什麼時候會在孩子的腦袋裡開出一朵花來。

特別推薦兒童繪本《Teach Your Dragon》系列套書，作者是 Steve Herman，雖然是英文繪本，但是台灣也買的到。我幫小馬買的這本《Teach Your Dragon Patience》描述的就是告訴孩子有耐性和等待的力量。目前這套書已經出了六十多本，也可以直接在 Youtube 上看到說書，我覺得非常適合 4 歲到 10 歲的孩子。套書的系列還有關於其他品德與情感的主題，例如：「愛自己」、「愛他人」、「撒謊」、「交友」、「生氣」、「危險」等等幫助情緒表達和增進社交能力的小故事。即使是高年級的孩子拿來練習英文閱讀，我認為都算是剛剛好。

我們常常叫孩子等待，但是當說出「你能不能等一下？」這句話時，其實溝通只做到一半。因為我們忘了告訴他們「為什麼喜歡的事物值得等待」以及建議他「等待期間內的替代解決方案」。

就像是書中的 Dragon 想吃烤箱裡還沒有烤熟的餅乾，他無法等待，另一位孩子 Drew 就告訴 Dragon 為什麼他不能吃還沒有烤好的餅乾，以及在聽到 Dragon 說：「可是等待的時間很無聊耶。」之後，Drew 建議他：「也許你可以先聽音樂或是拿一本書出來讀啊、或是你可以想想看，還有什麼事情可以做？想一想，一定有許多好玩的事還等著你去做。」

也因此，以後每次我要求小馬「你可以等一下嗎？」，在這之後，我會再加上類似的下面幾句：

「媽媽忙完之後，等一下就全部都是你的時間了，你要知道媽媽現在必須回 email 工作喔！」這樣說就是明確的告訴他，如果願意等一下，就會得到媽媽「全部」的注意力，這就是更好的獎賞，值得等待。

「你很無聊嗎？小馬你不是英文很厲害嗎？你可不可以告訴我你有多厲害，花點時間把你知道的有字母 A 開頭的單字拼出來？給你這張紙，你自己畫正字來統計，你和自己比賽，等一下再告訴我總共拼了多少單字？」這就是明確的指引他，他還可以花時間動腦做什麼事，或者他也可以自己想一想。

類似這樣的對話，也是一種引導他把注意力先從眼前的固著離開，自己去思考其他有趣的替代方案。

當「等待」這兩個字終於開出了花

四年級暑假，我們全家一起去北越玩，在參觀寧平的一間寺廟時，一位當地的老者說起了歷史，並演奏起傳統的越南樂器。因為父親急著上廁所，所以我先帶著他去找洗手間，等到我一出來卻找不到小馬。

我們的導遊用手指著那群正在聽演奏的遊客背影，我不懂他的意思，直到我發現小馬也在其中。導遊說：「他好懂事，剛剛他自己拿了張椅子，坐在後面，好好的欣賞老人的演奏，已經快十分鐘。」

看到小馬很安靜和專注的背影，我突然覺得，他也慢慢長大了。不只是孩子需要學習「等待」，為人母者如我，也是持續在學習「等待」，等待著有一天，孩子能自己開出了花。

原來這是真的，所有的等待都是值得的。

3.8 你吃的這條魚是來報恩的

有一次全家人去宜蘭旅遊，我們住在海邊民宿，第二天一早坐上了餐桌，在新鮮的沙拉和水果盤中，有一條完整呈現原型新鮮蒸的魚，眼睛打開著，小馬嚇到了，他不肯吃，他覺得魚真可憐。

因為從他一歲走路還不穩的時候，每天早上起床第一件事，就是搖頭晃腦的自己從臥室走去客廳窗檯前，趴著看著家裡的小水族箱，他喜歡看裡面繽紛七彩的魚游來游去。小馬一直到二歲半還不會講話，嘴巴裡吐出來的第一個字居然不是媽，而是「魚～」，也令我們感嘆他和魚的緣分很深，我常常告訴他魚是來報恩的，是來提醒他時間到了要開口說話了。

看著小馬不肯吃魚，我勸他勉為其難還是吃幾口吧！因為這是民宿主人最方便拿來招待客人的食材，這是他們的心意。吃任何食物只要有感恩的心，取之有道即可。

「吃魚對眼睛好，你還不趕快吃？快吃！」外婆在旁邊看到了，唸他。
「我不要，我不喜歡吃魚。」
「你這個小孩怎麼和你媽媽一樣，都不吃魚，你看你媽媽眼睛那麼壞，近視那麼深！她就是因為不吃魚！」
「哈哈哈哈，小馬那媽媽和你一起吃吧！不要讓外婆罵，你別忘了，每一條出現在你眼前的魚，都是來報恩的，這次它們變成了對眼睛好的營養，你不要白白的浪費了他們成為食物的心意喔！」

其實我也不喜歡吃魚，因為小時候常常去菜市場幫家裡的貓咪買攤位

剩下來的魚，那股腥味我忘不掉，所以能不碰就不碰，不管外婆怎麼罵，我就是不為所動。

但是我覺得在餐桌上的氣氛應該是愉悅的，如果用罵的去勸食，並不會真正的讓孩子理解吃對食物的好處。孩子難免有挑食的現象，對於越是用罵的，他越不吃。

於是，我換了一個方式和他溝通：

「不如，我們來一起感恩今天的早餐吧！我們的餐桌上今天出現了新鮮的魚、蝦、水果和蔬菜，我們先謝謝大海和土地孕育了這些食物，也謝謝這些食物讓我們吃了更有力量，謝謝民宿主人的熱心招待去張羅一切，讓我們的旅程擁有美好的回憶並且得到充足的休息，謝謝我們全家人，我們難得面對面坐在一起好好地享用這頓在海邊的早餐。這個世界上還有很多人沒有食物可以吃，小馬啊！你現在可以吃它了，因為你吃了這條魚，它這輩子報恩的任務就達成了，然後你會被上天給予更重要的任務，未來幫魚還有我們大家去實行！尤其是幫助那些飢餓的人們。」

「我會像超人一樣嗎？」
「對，你會像超人一樣！」

小馬開始嘴裡念念有詞，然後對著魚說：「我知道你是來報恩的，你趕快去投胎吧！下輩子不要再被人類吃了！」

說完了，他忍住了眼眶中的眼淚，筷子終於夾起一口魚，放在嘴巴裡……

最後大家成功勸食小馬吃進了一口魚，我覺得採用「你不這樣做，就會怎麼樣……」的溝通方式，那像是一種限定，反而會適得其反。

回想我自己從小就有胃病，長大又因為多重壓力，在進餐時，沒有好好的用一個比較緩和的情緒進食，所以長期一直有慢性的胃炎。

「你不這樣做，就會怎麼樣……」，我們真的長大就會怎麼樣嗎？

或許，可以和孩子溝通，這個食物代表了什麼營養素，吃了有什麼好的幫助，而不是「不吃就哪裡會壞掉……」這樣的恐嚇模式。

不要浪費的確是美德，但是勉強自己也可能會造成心情不佳，從小會有脾胃消化的問題。我嘗試用「這條魚是來報恩」的故事來引導他，但是如果真的行不通，會覺得不用在吃飯時間聚焦在這個議題上。

除了食物，良好的心情、甚至是好好的呼吸，也是能量的來源。如果只是缺乏 Omega 3，那麼讓喜歡吃青菜沙拉的小馬自己在上面淋上富含 Omega 3 的美味植物油也可以。

如果孩子看到父母親的表情言語像是一個偵探器，有時引起的反而是對抗的心理，其實並不能創造一個親子和諧的環境。

對於偏食，當怎樣都無法改變孩子的時候，那先把這個議題放旁邊吧！或者也試著改變一下菜單，持續觀察。有時候孩子的飲食習慣，隨著年齡和接觸的人的不同，就慢慢改變了。

我不是醫生，但是我相信「正念飲食」對身體的好處。**讓孩子理解每一份食物的源頭都是愛與辛勞的結晶，先理解食物對自己的好處，而不要浪費好好享用對身體好的食物，不但照顧了自己，也照顧了自己生命中每一個愛自己的人。**

凱西的打氣站

　　飲食的均衡，的確是打造健康飲食的第一步，尤其是對注意力不足過動症的兒童。文獻指出，過動兒血液中的 omega-3 脂肪酸平均濃度，和沒有注意力不足過動症的兒童相比來得較低。因此醫生建議多吃富含油脂的深海魚類，或透過補充魚油來獲得。但是並不是只有動物性食材有這樣的營養素，如果孩子不愛吃魚，透過黃豆、亞麻籽油、印加果油、核桃等等，也可以補充足夠的替代養分。

報恩的魚啊，
你趕快去投胎吧！
下輩子不要再被人類吃了…

3.9 請父母親也嘗試做一位聽眾吧

　　2022 年、2024 年我分別參與了知名企業講師、演講教練謝文憲「憲哥」所舉辦的公益青少年演說比賽「豐說享秀」，因為憲哥也是我演說表達的啟蒙者，他的「麥克風加上信念，可以改變全世界」的思維也深深影響著我，因此我義務擔任參賽孩子們的演講輔導員工作。

　　我們都知道，要進入青少年心門的門票，最好是一個故事，而不是大道理。因為這些年輕靈魂的眼睛、耳朵及心，會因為進入一個故事而被打開、被了解。

　　換個角度想，今天如果站在台上是孩子講故事，而台下坐的是父母親，試著用當觀眾的心態去欣賞、去聆聽，不做任何評判的，讓孩子完整的表達他自己的想法，也許你會突然驚覺，原來在此刻，我們才真正的走進入到孩子的心門，那個未被觸及的內在世界。

　　畢竟，我們都是獨立的個體，我們很難知道別人在想什麼，即使，對方是我們的孩子。

　　只是這個輔導說出故事的過程其實很困難，大部分的孩子都無法放鬆的誠實分享自己的感受。我覺得這和華人社會家庭從古到今給孩子們的框架和期望有關，因為，父母和師長直覺的觀感，孩子總是那個認知比較少的那一方，而他們的故事或許也不值得一聽，甚至在許多父母親的心中，認為孩子最完美的狀態可能是「安靜」。

建立管道讓對話發生

每一次我詢問身邊的朋友，願不願意讓他們的孩子來參加說演說比賽，得到的回饋大多是：「哎呀！他不是喜歡上台講話的那型啦！」

我覺得訓練孩子演說，並不是為了比賽拿冠軍，也不是愛現而已。更重要的是，學習表達，是協助孩子能夠保有「適時的為自己發聲與主動創造對話的能力」。

說故事、傾聽故事，是一個相互學習彼此生命智慧的過程。在家庭生活中，父母親也可以換個位子，我們只要安靜地當個觀眾。

每天下班累了一天回家後，如果能夠和孩子說聲：「嘿～寶貝，今天你又有什麼故事呀？」

而不是說：「我好累，不要來煩我！」或是只會命令：「你現在給我洗手，洗完手吃飯，然後做功課。」

試著給他十分鐘，說不定，他的故事情節很好笑，也滋養了忙碌了一天、被工作榨乾靈魂的你。最重要的，當孩子說完他的故事，也鼓勵正想用教條開示大道理的父母親，先緩一緩，把自己當台下的觀眾，先給予掌聲，或是一個擁抱。接著再換你，用另外一個故事代替道理登場喲！

延伸閱讀與探索

1. 可以閱讀本書最後一個章節，p282 8.10「創造幸福感的魔法」，先從親子一起培養分享感恩故事開始，把分享這件事當成是生活中的小實驗，試試看，一定挺有趣的，而且你會有許多不同的發現。

PART 4

放膽讓孩子探索，
生活中處處可學習

給孩子多一點自由，請多說「可以」，取代「不可以」吧！

4.0 成為孩子的底氣

如果你曾經看過 2023 年的奧斯卡得獎影片《媽的多重宇宙》，就會被整部電影展現出的創意與奇幻所折服。據報導，該片的導演關家永在拍片後才發現，自己從小就有著天馬行空的想像力，其實是源自於確診 ADHD 的原因，而他的母親在他幼小時，因為覺得當時學校的環境扼殺了他的創造力，所以讓他在家自學三年。這樣的母親，真的非常有勇氣！

我們常常說現在的教育體制會扼殺孩子的創意，但是我覺得，身為父母親，我們都背負著極大的責任。孩子天賦的發掘以及創意的保持，其實來自於父母親是否能有底氣去撐得起。

什麼是身為父母親的底氣？它不見得是和金錢或是資源正相關，我認為我們至少要有這三樣底氣：

1 父母親要能容許孩子有留白的行事曆

擁有留白的時間，才能讓孩子有機會在課業學習之外，多探索多嘗試、讓大腦創意發想。

2 父母親要能發揮「去抑制」的能力

面對主流的期待，有時是一種「抑制」。如果抑制不利於孩子的身心成長，父母親要能有不在意他人眼光、跟著豁出去的勇氣。

3 父母親要能陪伴孩子體驗生活

真實的生活體驗與 AI 資料庫不同的是，真實世界可以開啟孩子感官的覺知，但是網路與 AI 不行。

的確，像許多有 ADHD 注意力不足過動症的孩子，其實本身就備有極高創造力的優勢，因為創造性認知的三個面向是**發散性思考**、**概念擴充**和**克服知識限制**，皆為這一類孩子具有的特質。

但是如果在這樣的孩子身邊沒有一位能沉的住、有底氣、勇於跨越限制、以及能適時引導的家長，那麼孩子的創意可能就無法萌芽。

當然，我們也要能夠容許，創意也有它可以發揮或無法發揮的時機，創意也有可能會停頓或長不大。身為父母親真正的底氣是，能夠支撐和包容孩子在他盡力之後，或許仍是有跨越不出的限制，這時候我們必須讓他知道，我們對他的愛是無條件的，永遠存在。

種子在土壤裡需要陽光、空氣和水，孩子也是。我們就是孩子的陽光、空氣和水，但即使三者俱足，也是會生成不一樣的孩子，這就是自然。我們能做的，就是保有底氣，也才能繼續豐富孩子的生命。

延伸閱讀與探索

推薦閱讀《有底氣，無所畏》，作者仙女老師余懷瑾，將告訴你一個有底氣的母親是怎麼來的？無疑是由對孩子的愛、與陪伴孩子一起對抗逆境而來。

4.1 放學後，比參加課後班更重要的事

「跟不上進度」與「寫字不好看」，一直是小馬唸小學以來的夢魘，也是做為家長我的困擾。對於他，陷入了被同學嘲笑的困境，之於我，難過的是即使花了不知多久時間陪伴，使出了全力和資源，對他的幫助看起來仍然很有限。

在幼稚園入小學的銜接時，我們嘗試申請「鑑定安置」資源，但是未被通過，因此他以普通生身分入學，我心想，試試看也好。

一年級時，我以為他的跟不上只是需要時間，但是到二年級上學期的期中考前，他爆發了長達一個月不願意寫考卷交白卷的行為（請見之前的章節 p46 1.4 媽媽，我不是故意交白卷），我因此帶小馬去看了醫生。在學校的 IEP（針對具有特殊教育或相關服務需求之學生所擬定的個別化教育計畫）會議中，特教老師和我表示，或許小馬 ADHD 的症狀下也合併了寫字輸出的困難，因此，學校才進一步以「疑似學習障礙」的名義，讓小馬先進入資源班就讀。

能夠得到學校的特教資源，一直是我從他入學以來和學校溝通的方向。由於他的學習能力低弱，所以亦符合教育局免費的課後輔導輔助資格，老師每學期都會詢問是否要參加課後班，但是最後，我還是決定不報名學校的課後班。

「多一點學習時間和教導，多練一點字，對他總是好的吧？」家人們這樣問我，但是因為他們不是主要照顧者，也只好尊重我的決定。

為什麼做不上課後班的這個決定，我是這樣想的：

1. 時間給的多，不代表學的多

有時候，選擇不讓孩子留在學校，或是不參加補習，其實家長心裡會過不去，認為我們沒有教導孩子努力，我也常常這樣質疑自己。

但是，接觸特教相關的教育人員或許理解，不管是過動症還是學習低弱，不同孩子的異質性其實很大，如果要把不同特質的孩子在課後做集中管理，而有些人狀況有可能是專注力缺失、或是輸入、輸出障礙、以及認知等不同的特質，現實上課後老師並不能有足夠的能力或時間對不同的特性做很好的處理。更何況上學一天下來，大部分的孩子已經注意力耗盡，要如何能夠靜下來好好寫作業，並且寫完呢？

免費上課後班，對某些分身乏術的家長，以及需要資源的家庭，是一樁美意。只是我覺得最重要的，還是要看自己孩子目前症狀的需求。

可能要先了解孩子的身體和精神狀況，什麼是現階段他自己最需要的東西？什麼是現階段對緩解他的症狀最有利的協助？

我覺得對小馬而言，在經過八小時注意力的搏鬥硬撐之後，他的能量應該只剩不到20%，再留下來上課後班，生理和心理的狀態都會很勉強，那麼，那一個半小時就是虛耗了。

2. 大腦要有留白和發散的休息時間

我們大人下班後會想要放鬆休息，當然，對小孩更是！

給大腦一點發散的時間和空間，那是一種辛勤努力之後的獎賞，大腦被休息獎賞過後才有動力重新開始，否則只會像疲乏的橡皮筋一樣。

有些孩子不喜歡真的什麼都不做的休息，他想要看漫畫、打電動、看影片，其實只要是家裡允許，在時間不過長、不是毫無限制、不傷害視力的前提下，我自己對小馬這樣的要求覺得都還好，畢竟我們已經走不回疫情前，可以強制縮短使用電腦上線時間的日子，這是時勢使然。

讓大腦休息，這麼做可以重新充電、有效釋放在學習狀態下緊繃過度的神經迴路。孩子應該要有留白的時間發揮自主性與創意。

3. 要提升學習，先從運動開始

讓孩子能夠持續學習，最起碼的他要先有足夠的體能，這是我深刻的體會。而藉由運動來培養體能，要有體能這個基底才能提升學習力，是普遍專家都認同的作法。

放學後、晚餐之前的零碎時間，就是最好拿來做運動的時間。坊間現在有開設許多兒童體能館，如果還不確定孩子喜歡什麼運動，去體能館在專業老師帶領下做體操，或是去游泳、打球、在附近跑步等等，讓運動釋放壓力和僵硬的肢體，都很好。

當然，不是所有的家長在下班前都有時間陪伴中低年級的孩子做運動，也可以利用學校課後球類社團，或是至少在周末要留出可以讓孩子適當的運動時間。

尤其是對於有 ADHD 的孩子，讓肢體有大動作的訓練、全面性肌肉的發展，還有步驟性的動態活動如球類來增進大腦的運作整合，並且改善身體的雙側協調能力，這也是醫生和治療師的建議。

4. 利用課餘時間，找到興趣

現在的家長其實都蠻認同讓孩子學才藝，是為了協助陶冶心性，並沒有一定有什麼目的性的觀念。但是學什麼才藝，其實還是和孩子本身的興趣有關。首先，他要能有時間去探索、做初步的深入了解，才能發現這個活動與自己心性的連結，試過了不喜歡，再換方向。

小馬是個幸福的孩子，學習過畫畫、鋼琴、兒童有氧舞蹈、踢踏舞、魔術、樂高、跆拳道、足球和高爾夫球等，每一樣都是他自己要求學的，但是最後真正持續到今天的，並不多，這也是花時間去探索而來。

所以放學後，請別急著讓孩子馬上坐回書桌，先給他一些自由吧！或許因此，孩子在學校的學習成效會更高喔！

後記

小馬在一年級下學期到三年級為止都沒有上課後班，從四年級開始，我們才去校外的課後美語班，因為他對英語表達上有明顯的興趣，這也是從前三年不去課後安親班的時間慢慢摸索而來。

4.2 去一個可以感受到幸福的地方

世界上有一個地方,是我會「聞之色變、避之唯恐不及」的,那就是迪士尼樂園。但是,這卻是一個讓許多人都感受到幸福的地方。

第一次去迪士尼的時候,我 21 歲,那之後的四年內去了 20 次。這是什麼情況?就是人在洛杉磯唸書,當有親朋好友到訪時,都會被要求一定要帶他們去。通常一大早入園後,我會依當天人潮做「攻略」,一個最快速可以打通關的玩法。我先教他們坐「遊園蒸汽火車」到最後一站,從「鬼屋」、「飛濺山」、「巨雷山」等重點項目,由裡玩到外避開人潮,然後看表演,再去玩其他的。通常我的耐性只有那必玩的十個項目,接著就想把人通通趕回家。

我還記得當時一張門票要美金 $68 元(現在 $104 ～ 206 不等),朋友是來觀光花錢的,但我卻是個窮學生,根本沒有餘裕常常應付這麼貴的玩樂,有時明明自己沒錢卻還要掏出下週的伙食費來捨命陪君子,童話世界就算再夢幻,但之於我也沒有我的荷包實在。

二十幾年過後,終於又到了我再度要去迪士尼的日子,這一次我倒是心甘情願,因為我陪伴的是小馬。

「或許,我們該去一次迪士尼?他已經 100 公分了,有些設施應該可以坐了。」

我和先生討論著,每次看小馬在超市外玩投幣的小車車,投完十元又想和媽媽要錢再投十元的樣子,仍然意猶未盡。

就這樣，我一個人背著媽媽包、推著三歲半的小馬，娃娃車把手後掛著十幾公斤的行李袋，出現在香港機場的旅館接駁車處，旅館的接待小姐看著狼狽的我趕忙跑過來幫忙，她說：「你們要去迪士尼嗎？妳自己帶他去？」小姐驚訝的問。

「他爸爸明天來旅館和我們會合。」

「妳很厲害耶！就這樣一個人背著行李帶他坐飛機。」我笑著不以為意，心想森林裡的母獸不也都是自己叼著小獸外出嗎？

「拔拔咧？我要拔拔！是這輛嗎？是那輛嗎？」

第二天一早，小馬站在旅館大廳等爸爸，引頸著，看著一台一台的接駁車停在門口又離開，只要下車的人沒有他爸爸，他就失望的垂下頭來。

「哇～我要拔拔！」約過了十幾輛，快半個小時，還是沒有出現，小馬突然間爆哭了，不論我怎麼安慰，都不肯停，旅館進出的人側目著以為這個小娃兒是受到甚麼天大的委屈。

「小馬！你怎麼啦？你怎麼哭啦？」門口突然傳來我先生的聲音，小馬頭一抬、淚一擦，彷彿沒事似的朝他爸爸飛奔而去。

「沒心沒肺！」我心裡翻了個大白眼，天底下除了「媽媽」這種生物我知道很難當外，我最佩服另外一種生物就是「爸爸」，因為我先生似乎什麼都沒做，出鏡率也不高，還是可以贏得三歲小怪獸的癡迷，這段數可高了。

「我覺得我們可以先去看鋼鐵人再去小小世界。」進到了迪士尼，我先生建議著。

「不對，我們應該先去灰熊山谷，因為那邊人還不多。」對於遊樂園極富經驗的我，開始研究起地圖做「攻略」，我想今天應該不難搞定。

「他想要吃爆米花，先買給他好嗎？」先生又指著旁邊的推車。

「你看你看高飛出來了，快點快點，你先帶他去排隊照相，人好多！」好不容易排到了，高飛大手一伸正要抱起小馬，居然把他嚇到了，又「哇！」的一聲大哭了起來。

「他根本不認識高飛，他被嚇到了，他只要吃爆米花，妳幹嘛強迫他一定要跟高飛照相。」先生抱怨著幫小馬擦著眼淚。

「什麼叫他不認識高飛，你平常都不在家你不知道啦！」

「什麼叫我都不在家，妳以為我想嗎？」

「哇～」看到我們聲音大起來，小馬才止住的哭聲不到三十秒，又變本加厲的起來。

接下來八個小時，「童話故事櫥窗」、「旋轉木馬」、「旋轉咖啡杯」、「太空飛碟」、「小小世界」、「鋼鐵人之旅」……遊戲差不多就只玩了五、六項，完全無法照我的計畫。其他項目不是要等太久，就是沒興趣，終於熬到了晚上八點的夜光遊行，小馬已經累壞了睡倒在推車裡，我們讓他休息，夫妻兩人也累的席地而坐，等待著看最後的煙火秀。

「砰！」

晚上十點整，第一聲煙火衝上天，開啟了聖誕期間才有的夜間煙火秀序幕，迪士尼城堡前萬頭鑽動，美國大街連個站的地方都沒有，但是小馬居然一點都不緊張，因為他有全世界最好的位置，就是「爸爸的肩頭」。

「哇！哇～」驚嘆聲在擁擠的人群中此起彼落著，一個熟悉音樂的旋律搭配著歌聲，從城堡中傳出來…

「I can show you the world
Shining, Shimmering, Splendid
Tell me, princess, now when did
You last let your heart decide?
I can open your eyes
Take your wonder by wonder
Over, sideways and under
On a magic carpet ride
A whole new world…」

「咻～咻～咻～咻～砰～」五連發的煙火四散著向空中開花，隨著阿拉丁電影的主題曲《A whole new world》展開，把迪士尼城堡的五彩燈點亮了起來，如夢似幻。

「哇！拔拔！你看！煙～火～」小馬指著天空，興奮的大叫。

這首歌哪是王子唱給公主聽的？其中的歌詞簡直就是在描述一位母親，想帶著孩子飛上天，把全世界展現給他看的心情。

我口中跟著旋律哼著，望向著先生肩膀上，這逐漸長大的小背影和前方絢麗的煙火。眼眶濕潤的，這是用言語無法形容的感動。

一位朋友曾經告訴我，在迪士尼看煙火有一種幸福的感覺。原來，迪士尼賣的不是米老鼠和巴斯光年，而是這種讓人熱淚盈眶的「幸福的感覺」。

4.2 去一個可以感受到幸福的地方

六年多過去了，小馬，現在 140 公分，我對「幸福的感覺」又多了層體悟。

原來孩子的成長與教養，不是得到一本「攻略」，用上面教的方法，用最短的捷徑、最快速的時間就可以達成。就如同進了迪士尼樂園，小馬和我喜歡的項目，想走的路徑和想搭乘的遊樂設施，其實大不同。

我們都會想要帶孩子去看外面的世界、像是去迪士尼樂園這樣一個如夢似幻的地方。我們也會想辦法提供自己最好的東西，為了達到這個目的，省吃儉用，可能只是為了準備一次全家一起出國的旅行。

但是我們年幼的孩子們真正需要的是什麼？或許不是物質上的給予，而只是陪伴。

孩子最喜歡的遊樂項目，也許不是去坐任何遊樂器材，卻可能只是坐在爸爸的肩頭上玩騎馬打仗。如果沒有預算出國，全家能一起去大稻埕碼頭、去碧潭、或者去台北 101，看一場不要錢的煙火，只要爸爸媽媽一起陪伴，這也會讓人有「幸福的感覺」喔！

什麼是可以感受到幸福的地方？原來是全家人一起出遊的地方。

凱西的打氣站

試著和孩子討論，列出來全家可以沒有門檻就到達的地方，你會發現台灣還有很多值得探索的景點呢。

4.3 選擇適合孩子，而且他也喜歡的運動

「運動很好啦！但是妳為什麼想要讓他學打高爾夫球？這不是貴族運動嗎？為什麼不讓他去跑跑步或騎腳踏車就好了？或是打籃球啊！」

身邊的親友看到小馬有在上高爾夫球的教練課時，都有許多疑問，其實這個問題可能要問小馬本人。因為不受控也不能控制自己的孩子，自己選了高爾夫球這項需要高度專注的運動當興趣。

找到孩子有意願的運動，從它開始

為什麼小馬會選擇學高爾夫球？因為這是他爸爸平日喜愛的運動。我先生長期在海外工作，疫情前兩年時因為隔離政策，被迫一年只能回家一次，我看小馬非常想念爸爸，所以心想，也可以讓小馬學打高爾夫球，等他回來一起上場打球，增加父子彼此陪伴的時光。

知道小馬的意願之後，我特別上網找到住家附近的高爾夫球教練，從小馬二年級開始學習，中間因為課業間斷了數月，最近又開始重新學習。

只是對小馬，每次上課都是挑戰。高爾夫球推桿是精準運動，眼睛需專注於球上、手腳肌肉要協調並用，球不是擊中就好，而是要打擊去該去的地方。

我還記得剛開始學的前半年，小馬因為沒有力氣，連拿球桿都很勉強。教練不許他有任何不專心的藉口，我盡量不打擾教學，讓他們自己磨合，希望他能從重複練習、擊中球的快感，以及一直因為不專心被罰蹲跳、爬樓梯等體能訓練中，慢慢能夠摸索，找到控制自己心智和肢體的通道。

但是觀察了一陣子，我覺得還是必須和教練分享小馬有 ADHD 的症狀與他的困難。因為即使是專業體能教練，對 ADHD 的知識卻不見得知道，而教練的態度與孩子的關係很重要，相處的好，會成為影響孩子持續學習這項運動的貴人。並且，有過動症的孩子也不是打不好、不專心、就多做體能處罰而會記住教訓的類型，我只是避免萬一操練太過有壓力時，也可能因為焦慮而降低了他的自信與原本的意願。

適合過動症孩子做的運動其實有許多種，不限於高爾夫球，我在 Google 中文網站上並沒有看到太多高爾夫球訓練對於過動兒相關的資訊，應該還是和華人普遍認為高爾夫球是有特定目的的社交運動有關。但是除非在深山裡練武功，或是在自己家裡游泳，有哪一項運動最後不會碰到社交呢？在國外，尤其是美國，高爾夫球其實算是普及與平民化的運動，許多孩子都從小學起，我覺得只要是孩子自己喜歡，都可以讓他多多探索。

也是因為小馬的學習，我特別查了國外的研究資料，美國著名過動症專家，《Driven to Distraction》、《ADHD 2.0》兩本書的作者，愛德華．哈洛威爾（Edward M. Hallowell）心理學博士曾表示：「打高爾夫球，每次擊完球你都會重新得到一個新的機會，所以這是一次又一次給自己的驚喜。高爾夫運動是有架構、新奇和動機的結合，每一次準備，頭腦都要集中注意力，高爾夫球具備這三種特性，所以它對於訓練過動症是非常適合的運動。」

練習擊球，就是練習活在當下

除此之外，高爾夫球運動也是一個非常重視全身協調性的運動。從小就愛跳舞的我也相信，學習控制自己的身體，透過反覆練習的肢體動作也能傳遞回饋給大腦，喚醒大腦對肢體的覺知並增強手、腳、軀幹和大腦彼此的連結，這是運動帶給身體的最佳好處。

小馬目前還沒有辦法上場打，即使只在練習場揮桿，看著他每一次重複地把球擺好，走上前調整自己腳的寬度和距離，屏氣凝神，再專注的用手揮桿，我就覺得，這是非常好的練習。如果他前面的步驟沒有專注完成，球就會打不到或是飛不遠，但是只要他做好每一個步驟，揮出去的球本身就會給他最好的回饋與動力。他打球的姿勢，從第一年無法穩定的拿住球桿，到慢慢地最近幾個月身體有了張力，揮桿終於開始展現出力量。

專注擊球，就是一個活在當下的練習。而活在當下其實對每個人都很困難，不只是對過動症的孩子。

分享小馬學高爾夫球的經歷，不是要鼓勵讀者們一定要帶孩子學，而是我覺得，找到適合孩子、他也喜歡的運動很重要。做什麼運動只要能對身體健康有幫助，不會造成自己和他人危險的情況下，就可以放膽學習。

不管是什麼運動，接受訓練或準備參與賽事都有他的步驟。讓孩子有遵循步驟的機制，透過自己完成了這些步驟，了解會發生什麼，並透過練習去強化自己的技巧。學運動這整個過程，都可以幫助孩子學會活在當下，並肯定自我。

更重要的是，在運動場上的精神，這樣的面貌，也會滲透到孩子生活的其他領域，無論是在家裡、學校，甚至是日後的職場上。

4.4 道謝、道愛，是最不能等待的學習

小馬的游泳教練，我們都稱呼他「愛心王教練」，因為他教小朋友游泳特別有耐心，還有幾年前我們剛認識他時，他的皮膚就像是運動救生員一樣整體曬的黝黑，但是胸前卻特別有一個白色的愛心形狀，是沒有被曬到的淡色膚底。看的出來，他在做日光浴時有刻意維持他前胸的膚色成對比。游泳時，小朋友們看到他胸前的愛心時，覺得很好笑，這個愛心王教練的形象就更深刻了。

一開始讓小馬學游泳，是因為游泳是一項全身性的有氧運動，大家都知道游泳的好處。尤其對於在團體活動中因為肢體不協調、無法專注、常常跟不上大家步調、不易與他人搭配而感到挫折的小馬，讓他學習游泳，除了可以發展肌肉、訓練四肢與各器官的協調，更重要的是，這和高爾夫球一樣，是一個人的訓練。尤其在水中又更隔離了他會因其他人、事、物打斷注意力、或是會分心接受雜訊的管道。

聽起來很棒，但是困擾我的是，小馬游泳學的超⋯⋯級⋯⋯慢（其實目前為止，他學每項運動都很慢！）從六歲開始的暑假到十歲，每個夏天至少學三個月一對一的教練課，到現在只會漂浮和仰式，自由式的腳一直伸不直所以打水前進極為緩慢，蛙式的手和腳一齊往外撥出去後，會忘記還要馬上接上下一次，更別說是換氣了。

只要學會游泳,不用學到厲害,這對別的孩子是一個夏天就可以達成的事,但是對小馬就是不行。每年暑假,我心裡都糾結的想,是否該放棄?花這個時間和一對一的學費,還是改學別的好了?

但是小馬自己會問,什麼時候才可以恢復上游泳課?每周的游泳居然成了他唯一不肯放棄的課外學習。尤其在學校功課增多後,我幾乎已經讓他放棄了所有學過的才藝課,還有連高爾夫球課也中斷了半年多。

我想,不放棄游泳課,除了是因為他喜歡玩水,也可能和他的老師是愛心王教練有正相關吧。小孩對老師的喜好不會說謊,從他完全不想缺席、有動機參與每一堂課就知道。

說真的,我也沒遇過這樣的教練,以前我們社區的游泳池沒有溫水,所以頂多只能每年六月學到九月。去年開始,小馬連冬天也想學,教練在冬天的學生比較少,他怕小馬會感冒,主動提議來接小馬去別的溫水游泳池學游泳,有時候也會帶他去有大溜滑梯的付費游泳池讓他玩。

每次當教練騎摩托車來接他的前半小時起,他就會迫不及待的一直看時間、一直問:「教練來了沒?」

我還記得,有一次學校舉行水岸路跑活動,全校學生都要跑三公里。我告訴教練小馬在去年的路跑,跑中年級最後一名。今年又要參加,他壓力很大。結果教練聽了,二話不說馬上和我提議他可以早晨上學前來陪小馬練習跑步,並且教他暖身以及呼吸注意事項。這些,都是超出教練工作範圍,像朋友一樣的份外對待。

幾個月前,教練突然告訴我他要退休了,他辭了在社區的救生員工作,因為確診了肝癌三期,想要休息專心養病。我錯愕之餘,原本以為他

不能教小馬了，沒想到他又告訴我，他準備出國散散心，希望回台灣後還是可以繼續教小馬，反正接下來就只能開心度過每一天，盡人事、聽天命。當下，我說不出其他安慰的話，只能點點頭希望他保重。

在小馬學游泳的過程中，我常常問自己，我是否能接受，孩子可以繼續學習一個項目只是為了好玩，而沒有什麼目的？答案經常是搖擺不定的。就像是游泳，他或許只是愛玩水，也或許只是因為教練和他相處的方式，以及創造的學習氛圍很快樂，讓他覺得有趣不無聊吧！只是他先天肢體不協調的限制常常讓我覺得好像把錢丟到水裡。

人與人的相遇都是緣分，願老天保佑愛心王教練！

做父母的，我們大多希望孩子能在有效率的時間內學會很多能力，有些孩子天賦異稟、有些孩子積極上進、學什麼都很快，小馬剛好是相反的那一位。

我想起了愛心王教練看起來體能這麼好、這麼溫暖的人也受病痛所苦。我回想自己的初衷，讓小馬學游泳，不只是為了要身體健康嗎？以及如果有一天外出旅遊有水上活動可以防身而已。這不是為了考會考或參加鑑定，學游泳的目的從來都沒有一個截止日期或是要比賽，我又在糾結什麼呢？

回家後，我把這個難過的消息告訴小馬，小馬天真地說：「媽媽，那我們能怎麼幫助教練？幫他加油打氣嗎？」我告訴小馬：「你就做個開心果吧！好好學習游泳，不枉費教練對你這麼好！」小馬聽了只是拚命的點點頭，可能在他這個年齡還不懂，什麼是面對生老病死的課題。

但是想一想，我又說：「我覺得你可以告訴教練你很謝謝他，你很喜歡和他學游泳，請他一定要努力接受治療。」

小馬可以沒有及時學會游泳，但是至少他要學習教練對人的溫度，並且把對他人感謝的話，要練習及時說出來。

這個世界上有什麼是最不能等待的學習呢？我覺得它們是「及時道謝」與「及時道愛」。

4.5 我是足球隊守門員，我很重要

　　每一年的寒暑假，徵求過小馬的意見之後，我們都會報名足球社團，不是他足球厲害，而是這個項目算是他從幼稚園以來，唯一比較熟悉和不害怕的球類團體運動，前面提到的打高爾夫球和游泳，在學習前幾年都算是個人運動。

　　團體活動，可以說是許多過動症孩子的痛，更不用提小馬因為合併有低張與手腳協調的問題，在體能運動上，想要跟上，倍加艱難。平常的他，連跑步都常常被笑。

　　但是在成長的過程中，很少會有孩子，不想和其他人玩，每個人都會渴望與他人連結，因此如何融入團體活動，仍是要讓孩子有機會刻意練習。

　　在學期中，小馬除了體育課是和大家一起參與外，其他課後像是游泳、復健、打高爾夫球，他多是一個人活動。另一方面，因為他每天花在做功課的時間也比其他同齡孩子長，我也不希望剩下的時間太過擠壓，還是以讓身體恢復、早睡早起精神好為首要。因此，在沒有課業壓力的寒暑假期間，我才會讓他參加各式不同團體的體驗營，這段日子也可以用比較放鬆、純粹的用去玩的心態參加，而不是有目的性地被訓練。

　　小學一、二年級的時候，比較沒有聽小馬說過在足球營裡的情形，有時他會抱怨，教練一直體能訓練、踢球、跑步有點累，在三年級寒假時，他一度有提出想退出，詢問我可不可以報名其他的的靜態活動。我猜想，

可能還是困在跟不上，所以只能一直在旁練習，而不能上場的情況中，因此有些無聊和挫折。

到三年級的暑假，有一天他很興奮地回來告訴我說，教練給了他一項新的任務，他開始上場當守門員了。

我還記得那天晚上我先生視訊回來和他的對話。

「你為什麼變得這麼黑？」
「因為每天都在操場踢足球，大太陽啊！」
「那你終於會踢足球了嗎？」
「我跑得慢，教練叫我當守門員。」
「我叫你去練踢球，你給我當守門員？！」
「當守門員，有什麼不好？」
「那你都沒有上去跑、上去踢球啊！你如果參加了足球隊，就是要踢球啊！」
「爸爸，教練說我很重要，每一個球隊都要有守門員，如果沒有守門員就不能比賽，我就算跑不快、不這麼會踢球，也可以幫助我們隊，讓別人不得分！」
「好吧！你好像說的也很有道理，那你喜歡去足球隊嗎？」
「喜歡啊！」
「喜歡就好。」

我在旁邊聽了他們父子的對話，覺得有趣，尤其當小馬說那段當守門員很重要，來反駁我先生的話時，音量越來越大，振振有詞的模樣，真的很可愛。

我不認識小馬的足球教練，但是我覺得教練能夠看到小馬的限制，仍是友善的給他上場的機會，並且告訴他這番話，很有心。

一個不敏捷、跑不快的孩子，就不能出現在球賽上嗎？每一個人都有不同的特質，每個人都有自己的優勢、缺點、性格等，每個人可以貢獻的地方都不一樣。

不管在球賽中，或是人生賽道中，我們不該限定孩子只能有「跑」和「攻」的這個模式，他也可以做守門員的「防備」模式。最佳的團體比賽陣式是，教練要能夠極大化每一位球員的優勢，極小化（隱藏）每一位球員的缺點，如此一來就能促成一場比賽的成功。

做為家長，有時候我也難免有像我先生和小馬對話時的這種心態，覺得送孩子去參加一個運動，就要學習能更專精於這個運動項目，像是打球、或是踢球，手和腳都要在球上，否則時間和金錢就浪費了。

但是或許我們真正該理解的是，不管孩子是強或是弱，只要能用自己能力所及的方式去生存、去融入、去為他人盡一點力，都是值得被肯定的。

所有願意上場的孩子，他們都應該是自己的贏家。

師長怎麼思考，怎麼在團體與比賽中引導孩子，也會影響到孩子日後怎麼看自己，以及孩子怎麼看待他人。

四年級的暑假，我們雖然沒有成功報名到足球社，但是我覺得「我是足球隊守門員，我很重要」的精神，會跟著小馬許久，成為建立他自我價值觀的重要養分。

4.6 為什麼我們該帶孩子去聽一場音樂會？

「媽媽，那位高高的、坐在前面彈低音吉他的哥哥好帥喔！我以後也要和他一樣！」

每次帶小馬去聽音樂會，我總是要擔心他會像條蟲一樣不能安靜地待在座位上，令我神經緊繃，但是並不會阻擋我一次又一次的帶他去欣賞音樂會。還記得第一次帶他去音樂會是 2018 年在舊金山的音樂廳，當時我們坐在靠近出入口的特別規劃區，是專為幼兒所設計，方便家長視情況帶躁動、或是有上廁所需求的孩子進出的幼兒區，可見國外在讓幼兒接觸藝術展演這部分是更持鼓勵家長態度和貼心的。

如果你從來沒有坐在音樂會的現場，是很難理解音樂產生的過程有多麼的偉大，一個音樂團體合諧一致的呈現是多麼有感染力，有時候孩子對音樂的興趣甚至會因為參加一場音樂會而被啟發。

2024 年的 8 月 16 日，是我們第二次去聽米可吉他室內樂團的巡迴音樂會，上一次是在疫情間。小馬沒有學吉他，我們只是粉絲觀眾，因為之前米可的演出實在讓我們全家印象太深刻了，他也特別喜歡裡面幾位優秀的表演者，像是那位他覺得很高、演奏時看起來特別專注、特別帥的哥哥，所以一聽到今年在台北又有演出，我當然要帶小馬去支持一下。

米可雖然是古典吉他樂團，但是它表演的曲目是非常貼近人心的。那一次是令人熱血沸騰的日本動漫歌曲，除了水準超出預期外，米可的負責

人趙老師特別擅長在樂曲之間用故事連結，讓我連聽到哆啦A夢的樂曲「虹」，居然都眼眶泛淚。

如果你還沒有帶孩子去過任何一場的音樂會，我真的建議至少每年可以幫自己和孩子安排 1～2 場的音樂會。我有五個重要的理由。

1. 讓孩子理解什麼是音樂

什麼是音樂？音樂不僅僅是平日在 Spotify 上聽的好聽的歌曲，或是我們努力賺錢讓孩子去學習的才藝課。

音樂除了是聲音所組成的藝術外，它和聲音的不同是它的創作來自於「人的心念」，是由一個人的心念抒發而特別創造的聲音、所譜出的樂章。表演者也將心念融入，進而引起共鳴而感動他人的表現。這叫做音樂，它有創作、演奏和聆聽三個重要的過程。

在日常，大部分的孩子只有接觸非實體的聆聽，就算是學樂器的孩子能夠做到演奏，但是大多數也只是獨奏。

觀賞一場實境音樂會，可以帶給孩子視覺和聽覺感官的極致體驗，它的編曲、樂器配置以及整體樂團的服裝、排列，都是經過設計和為觀眾完美聆聽的需求而重新創造的。坐在音樂會的現場，除了聆聽之外，還可以用眼睛欣賞表演者在台上演奏時展現能量的流動。

即使觀眾本身沒有學習過樂器，也會發現到不同的表演者有時輪流彈奏、合奏，他們的身體、臉上的表情，也隨著音符的流瀉擺動，就像是彼此透過音樂在對話般。而當樂團指揮的指揮棒和手指向的那一方，更像是變魔術點石成金般，你會看到、且聽到演奏者彷彿因此被點亮而發光。

這些實境的感受，是屬於演奏現場的魔幻時刻，音樂表演本身就是一種創作。

2. 觀賞音樂表演能激勵孩子

如果孩子已經在學樂器，定期的帶他去聽音樂會可以刺激他在日常的練習更努力，因為他將意識到所有在台上成功的演出，都是經由不斷的磨練而累積的結果。

小馬一樣被舞台上很帥的哥哥、他的演奏與神情打動，這也會形成一種模仿的目標，成為日後想要站上舞台的願景和動力。

3. 學習社交技巧與禮儀

為了參加音樂會，我們會提醒孩子注意服裝、儀態、還有在音樂廳的舉止。孩子也有機會可以透過觀察全場專注聆聽的群體氛圍，什麼時候該安靜、什麼時候該鼓掌，而模仿學習。當然，家長難免擔心孩子不受控，但是習慣是需要接觸經驗才能堆疊，越害怕越無法開始。

另外，不同於在學校與在才藝班的環境，這是孩子接觸跨年齡與不同族群人士的難得場合，也可藉此訓練孩子應對、進退的社交能力。

4. 聽音樂能促進身心健康

聽音樂可以調節壓力、釋放情緒、降低疼痛與血壓等好處不用多說，尤其當我們感知音樂的時候幾乎大腦的每個部位都會發生作用。根據專家指出，聽音樂的人比不常聽音樂的人壽命會更長約 5～10 年，而孩子大腦裡的神經突觸也會比平常交流的更為頻繁。

尤其是對有 ADHD 的孩子，聆聽音樂除了能帶來愉悅的感受，幫助釋放多巴胺，也能有效的協調孩子的非認知注意力系統，進而達到專注力的提升。

5. 創造全家共同的回憶

孩子成長回憶的創造，其實不是只靠著手機裡的相機功能，它必須伴隨著與家人一起，還有身體感官所接收的各種訊息來印記在腦海裡，這個訊息可能是特殊的香氣、或是令人大開眼界的旅行，還有可能是全家同時參與一場音樂的美好饗宴。這樣的記憶會伴隨著孩子的一生，在他未來任何需要的時刻，不時的回放翻閱。當然，不只是孩子，這樣的回憶，也將支持著我們做為父母的一生。

我到現在還記得，那晚聽完音樂會回家時，一股幸福的氛圍就這樣瀰漫在我們車子裡，大家興奮的交換著對聆聽不同曲目的意見。

國家音樂廳和其他縣市的展演中心，都有許多平易近人且有趣的音樂演出節目。撥空替自己和孩子安排一次音樂欣賞，用音樂的美療癒自己，同時培養出更喜悅與自信的孩子。

延伸閱讀與練習

請見本書第八章，8.9 p278 「一起聆聽音樂吧！」的魔法安心儀式，爸爸媽媽也可以試著一起陪孩子在日常聆聽音樂喔！

4.1 一位過動兒視角中的演講比賽

　　大家對於有過動症的孩子，普遍的印象就是衝動、坐不住、無法專心。小馬的注意力不集中，算是「跳點式」的注意力不集中，更白話的說，就是一旦抓住某一個刺激訊息之後，就會無限延伸，而且常常沒有脈絡根據。

　　他的衝動式行為發生在他的嘴巴，如果早上上學前沒有服藥，通常早自習還沒結束，我就會接到老師的訊息。因為他專注在某個刺激訊息，可能是身旁同學的話語，他的嘴巴就像是台壞掉的收音機，沒有意識的模仿著重複的說十遍，例如聽到「機器人」三個字，被他抓住後，他可能會播放十幾遍。有時候，也會是無意識的疊音。

　　不管同學或老師怎麼制止他，也無法停止。因為接下來的其他言語都無法再進入腦袋，而他的心思也被剛剛的刺激訊息佔滿了。這樣跳點式的說話模式，對於小馬在同齡中的人際關係發展，有極大的困難。

　　四年級暑假的時候，我帶他參加了一個年輕人的演講比賽「豐說享秀」的呈現當觀眾（請見前面章節 P.139 3.9 的說明）。一大早我匆忙的帶他出門，忘了提醒他要服藥，當發現他沒有吃藥時我很緊張，這個活動要坐一整天，我要如何管住他的嘴巴？

　　我和小馬在車上溝通，這個活動要尊重台上的講者，以及其他的觀眾，所以，麻煩他儘可能、有意識的控制自己。老實說，除了請他坐下後深呼吸外，我也只能祈禱天了。

出乎意料之外，他居然乖乖的聽完了全天，並且沒有打擾任何人。我必須說，年輕講者們的說故事能力太強，太吸引人了，完全抓住他的注意力。當然，這中間我有先和他分享，裡面有媽媽的學生，我們要幫忙我們的學生戰隊加油，所以他覺得他有任務聽完了要大聲應援鼓掌。

回家後，我看他拿出一張紙，重新問了我每個人的名字，然後替他們每個人都畫了獎狀。

他說：「我要頒發獎狀給他們，第一名我給那個冠軍哥哥，第二名我要給那個妥瑞氏症的姊姊，第三名……。」

「為什麼你給那位有妥瑞氏的姊姊第二名？」我特別問，因為有妥瑞氏症的女孩，沒有進入前十名。

「因為她勇敢上台說話不容易，我要對她好一點，我要給她最佳勇氣獎，因為我能管好我的嘴巴也不容易。」

「哇～對！小馬你很有同理心呢！其實全部上台的哥哥姊姊都不容易，媽媽也希望你能學習他們的態度。」

從一個過動兒視角看到的演講比賽，往往和我們不一樣。

對於大人來說，我們看到的是他們每個人的成果，老實說，身為演講老師，我常常回饋孩子們說話的架構鬆散以及用詞不佳，或是哪裡要再加強。

但是對於生理結構和一般孩子不一樣的特殊生，要能夠上台，並且享受舞台，背後要堆疊的努力、要付出較於常人更大的能量，去控制「平常時的自己」不要出現的那股緊張的情緒，真的很不容易。於是我開始反思，

我自己是否曾經同理以及安撫過學生的情緒？即使我的孩子也是和一般人不太一樣的特殊生，但是居然連我都常常忘記呢！我真的很感動小馬能觀察到這一點，他反而替我上了一課。

這一次帶著小馬一同來見習演講比賽，他付出的專注力高於日常，我想也是因為，我主動讓他看看媽媽平時努力的成果，也算是達成了我們親子間更高層次的心理交流。

誰說孩子們聽不懂正經的演講？有時候他們的覺察力甚至比大人們更敏銳，這也是在前面的章節 3.9 我所提到的，讓孩子們習慣分享，不管在團體中做為講者或是聽眾，自然也會產生他們見他人、看自己的學習之道，而身為大人的我們，有時候就在台下做一個好聽眾就好。

4.8 用香氣來交流，讓想像力飛揚

每天晚上睡前，我都會在臥室點上薰香，有著柔軟的香氣流通的夜晚，除了可以安眠之外，更能讓人卸下心防，不管是我或是小馬，都能以更放鬆純淨的樣貌做訊息的交換。

薰衣草和佛手柑，老少咸宜的家庭薰香

我還記得有天晚上，房間裡的薰香機裡放的是薰衣草和佛手柑精油，迷漫著一股乾燥的藥草香和清新甜美的花果香，令人有一種飄飄然的感覺，他天真的和我說：

「媽媽，我以後要開一間精油公司。」

「哇！怎麼突然想到。」

「因為它們好香，我希望每個小朋友晚上睡覺的房間都好香。」

「哈哈哈！好喲，那請問你要怎麼開始成立一間公司？」

「首先，我要有四個人！」哎喲，知道開公司要請人，有概念！

「那請問你有四個人要做什麼？」

「其中一個做瓶子，那就是我啦！」

「喔，可是你主要是要賣精油耶，你瓶子是要自己做啊？還是和人買？」

「我要自己做啦！我還要請人幫我畫圖案。」好吧，小孩子是視覺動物，從小對精油、植物油的印象就是媽媽是魔法師，有很多瓶子，大大小小，不同牌子瓶蓋不一樣，貼紙不一樣，香氣不一樣。

「所以你的意思是第二個人要幫你設計標誌是嗎？你想要好看的瓶子包裝對嗎？」

「對對對！我要人幫我做一個像我名字的標誌，上面有一個我英文名字的字母 J ！」

「哇！你有行銷和品牌概念喔！那請問你精油是怎麼來的？是從花、草還是動物、礦物身上來的？」

「當然是花草啊，是植物。」

「所以誰要把花草、你的原料弄來？」

「我要派兩個人去！」

「哇！你居然知道公司要有採購，可是誰要調製和賣精油？你知道怎麼萃取精油嗎？」

「就我啦！通通都是我啦！」

我心裡想，好吧！創業起頭難，看來你的員工都比你閒，什麼都是你、這樣會很忙呢！

「那你開公司，我以後靠你了，請問你幾歲要開？」

「十二歲可以嗎？哈哈，我都不知道我十二歲是什麼樣子！」

4.8 用香氣來交流，讓想像力飛揚　　171

「也不是不行喔！那我們試著一起寫下來十二歲要開公司，你要先學會什麼？要怎麼達到，你還有三年可以計劃，加油囉！」

悄悄話嘛！反正就天馬行空，沒想到小馬十分有概念。這也提醒我身教很重要，平常在接觸什麼，甚至是工作、嗜好、我的學習、家裡進出的物品、和人的對話，孩子都看在眼裡。

但是更有可能的是，當居家的空間有植物香氣在流動時，也啟動了我們的嗅覺感官，打開了我們的大腦，協助創意的運行。

薰衣草和佛手柑的精油，都含有化學成分中的乙酸沈香酯，這一類型的精油，都有很好的放鬆和平撫神經系統的效用，不論是兒童照護、或只是為了平日空氣淨化，都非常適合全家老少的薰香使用。

很多大腦中的靈光乍現，往往都是在我們最放鬆的狀態下，會突然出現喔。

香氣與大腦的關聯

寫到這裡，十分推薦《香氣腦科學》這本有趣的書。作者專門研究嗅覺和大腦的關連，用故事介紹了 60 個利用香氣嗅覺刺激大腦調解情緒、學習、人際關係與病痛的連動關係。

想訓練自己孩子的專注力、調整情緒與學習穩定度，也或許可以參考芳香療法。因為嗅覺的刺激，可以強化孩子大腦的眼眶額葉皮質，活化這個區域，對於大腦的專注力、記憶、與決策能力有絕對正向的發展。

尤其是對於有過動症的孩童，除了日常已經施行的方法，如行為訓練、服用藥物、或是運動以外，以自然療法調理併行，也是一個輔助方案。

而在穩定情緒上,香氣嗅覺也能透過大腦邊緣系統,進入中樞神經系統,刺激杏仁核與海馬迴,影響我們的情緒、記憶與荷爾蒙的感官。開發嗅覺的確對於孩子有多方面的好處與面向。

我喜歡用香氣育兒,除了它能陪伴孩子,更是安穩了身為照顧者的我的心。

我們或許無法代替孩子讀書和考試,但至少,在日常可以陪孩子一起感受生活,「感受」之外,更要能「表達感受」,透過香氣的刺激,彼此交流,這無形中又替孩子的大腦神經元增加了許多突觸。

這樣子的對話,遠比每天晚上只討論功課做完沒?考試考幾分?書包收了沒?或是大吼「你給我去上床睡覺!」來的有趣、溫馨多了,不是嗎?

延伸閱讀與探索

1. 閱讀推薦《香氣腦科學》,作者文濟一
2. 閱讀推薦《親子情緒芳療》,作者萊絲莉・摩登諾爾,書中有關於調節親子情緒的許多實用芳療配方和用法。

4.9 培養審美觀，從欣賞自然萬物開始

「媽媽，你看！好美喔～」

「什麼東西好美啊？」

「那個大海和天空，它們連在一起耶！都是藍色的，但是不同的藍，好美喔～」飛機起飛時，小馬的臉，貼在窗格上向外望。

「它們為什麼會連在一起啊？」我故意作弄的問他。

「嗯～我猜，它們有血緣關係？但是它們的質地感覺很不一樣啊。」

聽到這裡我突然止不住大笑，我以為已經四年級，小學也學過了自然，知道了地球是圓的，他的回答應該是比較科學的，但是如此具有想像力的回答也算是天真可愛。

身處自然中，卻沒有時間欣賞的日常

如果天、地、海隨時都存在，而這樣被小馬能夠靜下心來發現美妙的瞬間，其實不常有。雖然我們住在台北郊區山坡上的華廈，社區的後方就有登山道，但是他和大多數的孩子一樣，早上睜開眼睛就去上學，放學去安親班，回到家已經天黑。而週末也是無法避免的有著復健安排、學鋼琴、去運動、探望奶奶、探望外公外婆等等。這樣的自然之美，他只是因為在飛機上無聊，往外看而發現的，但是瞬間，他立刻就被吸引了。

做為現代城市中的父母，我們還是得刻意去創造孩子與自然相遇的時機，所以不管是去哪裡玩，什麼地方不是重點，而是刻意陪伴著孩子養成有興趣做「自然觀察」的習慣。

　　因為最能呈現美麗瞬間的創作，莫過於千變萬化的大自然了，就像是小馬眼中有血緣關係的天空和海洋。

　　最近和小馬一起唸課文，五年級課本中介紹西班牙建築師安東尼·高第，他的作品如聖家堂、米拉之家、奎爾公園……等，都是受到大自然的啟發。我本來驚訝於高第的創意是如此的強大，但是想想小馬說的話：「天和地連在一起，因為他們有血緣關係吧！」我發現，其實每個孩子的心中，都有這樣自由的發想，我們只需要提供給他資料庫，那就是從「自然觀察」開始。

在山中與大自然共舞的經驗

　　數年前，我曾經帶領了一次親子活動，總共有十個家庭近 40 人。我們的民宿所在地，是一個保育協會的蝴蝶復育地，在活動中我鼓勵孩子們在山坡旁，找一顆樹自己觀察，並與家人一起聯手表現出樹的形狀，然後猜猜這棵樹大約幾歲，以及這棵樹看起來有什麼想法。

　　一位孩子這樣分享：

　　「唉呀，我的這棵像是位脾氣不好的老爺爺，正要罵著他的孫子，妳看它的鬍鬚（樹鬚）都要飛起來了。」語畢，他做了個老樹的姿態，眉頭皺起，把下巴抬起來，手插著腰，在場所有人都笑了。

接著我請幾位女孩自願，和我一起用舞動來呈現蝴蝶從毛毛蟲破蛹而重生，展開翅膀的模樣。現場沒有一個孩子需要練習，只要經過引導，每個人都能有自己的肢體創作，都成了一隻隻破蛹而出的小蝴蝶。而在一旁觀看的一個小男孩，有一點疑惑的嘟著嘴問他的媽媽：「為什麼只有女生可以當蝴蝶？媽媽，你不是女生嗎？為什麼妳不下去跳舞？妳也可以當蝴蝶啊！我也可以跳舞吧！」他的媽媽應小男孩要求，只好勉為其難也一起下去飛舞。沒有多久，因為團體的氛圍和音樂實在是太和諧了，小孩們邊跳邊笑，這一股放鬆的情緒感染了大家，不論是男孩、女孩、爸爸和媽媽們，都忍不住一起下場。最後，有著四十隻美麗的花蝴蝶，在綠油油的草地上光著腳一起共舞著。

這個團體裡面，有多位爸爸，在長大後，這一輩子都沒跳過舞，也是第一次和孩子一起跳舞，因為大自然，激發了他們的想像力。

藉由模擬著自然萬物的律動，樹因此不再只是和自己沒關係的樹，蝴蝶也不再只是昆蟲，它們都成為活在孩子心中和彼此一樣的生命。我相信，這就像是種下一顆顆和自然連結的小種子，在未來人生的道路上，只要有機會，孩子會自動回到自然的懷抱。

==而在與孩子一起和自然相遇的過程中，最難能可貴的，就是那親子共處，一同發現美麗的愉悅時光，無價。==

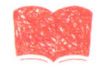

延伸閱讀與探索

可以閱讀本書最後一章 p274：8.8「呼叫大樹爺爺溝通法」，有意識的帶孩子親近與愛惜自然，讓孩子感覺到自己與自然同在，以及被樹爺爺接住小祕密的美好。

PART 5

滋養孩子的內在，
用家裡溫暖流動的愛

除了打造健康的體質，別忘了也要打造懂得愛與感恩的體質喲！

人生只要有你有我，就不難

「媽咪，什麼叫人生好難？」

「你在哪學的，這句話？」

「YouTube 呀！」

「人生好難的意思就是有時候你想做什麼，但偏偏老天或其他人不如你的意，你面對了許多阻礙，或者是突然發生了什麼事，困擾著你……。」

「媽咪……妳的人生很難嗎？」

「我啊？對啊！一直都很難。」

「可是妳的人生有我啊！為什麼還會難？」

「蛤？！你說什麼？」

「妳有我啊！所以就不難了。」

「哈哈～也對啦！為了你，什麼都不難！你呢？你的人生難不難？」

「一點都不難！」

「為什麼？你不是說數學很難？彈琴很難？」

「因為我有妳呀！妳有我，我們互相幫忙。所以人生一點都不難！」

哈哈，真的是很看重自己、很溫暖的小馬，能夠說出這樣的話，我感受到愛的流動，也覺得被支持了。有朋友說小馬天生就有喜感，好貼心！我卻覺得那是因為他也有一個很有喜感、很貼心的媽媽。

　　許多心理研究結果顯示，影響一個人自我價值感核心的因素是「環境」與「關係」，尤其是這個人被環境對待的方式。如果孩子生長在有情感支持的環境，與父母親的互動良好，往往他的自我價值感也較高。因為他感受到，不管怎樣，「我的家人都很愛我！」。

　　來自家人的愛與支持，是我們能送給孩子最好的滋養。與家人的連結，是孩子和世界連結的起點，也會影響到成長過程中，孩子與他人健康互動的關係。

5.1 身體接觸是親密的魔法

我有位認識了 15 年的按摩師，她叫淑慧。我人生的大小事都會和她分享，即使我不說，她的手放在我身上，也可以感應出來。

我還記得十年前，我懷小馬還沒有超過三個月之前，不能告訴別人，除了我先生外，我只告訴淑慧。我想那是因為我們有著透過身體接觸的親密交情，那是一種信任感。

每次出差前，為了讓自己能一上飛機就睡覺節省體力，我也會固定去桃園機場的盲人按摩，指定找一位 13 號的師傅做頭部指壓。

13 號的師傅摸到我的頭，就會和我說：「老師，妳又要出差啦！」我明明是個上班族，為什麼他要叫我老師，又可以馬上知道是我呢？

因為他告訴我，當他的手摸著人頭的形狀，還有顱內氣壓流動的感覺，就可以知道那個人的職業。他一摸到我就直覺我一直在對別人講話，很像老師一樣會傳達想法。當時不以為意，但後來想想，我的確是一位想要傳達理念的人，身為母親，我一直在引導孩子，這應該也算喔！

以前，我常常驚訝這些按摩師們，他們的雙手，彷彿都有魔力，可以施展魔法！

每個人的雙手都具有魔力

在我們家中，我是小馬的專屬按摩師。從他嬰幼兒時期，我就每天幫

他做手腳、肚子的按摩,邊按摩邊聊天,讓他有個放鬆的床上睡前時光。

小馬上小學後,面對 ADHD 的挑戰,為了讓他更穩定,我還去正式學習了芳香療法,想要利用植物精油的香氣也調節他的情緒。

替孩子做芳香按摩有許多好處,只要輕輕的按摩,除了放鬆情緒、讓氣血循環之外,透過按摩的動作,還可以對皮膚、肌肉、和肌腱組織、與體內的運輸系統及其對應器官溝通,和孩子的能量系統也能產生正面的影響。如果說厲害的按摩師,手一放在個案的身上,可以感受到對方的能量狀態甚至是想法,其實也不足為奇。

另外,不只是對於 ADHD 過動兒,按摩對應所有人都有調節身心健康的功效。

尤其當我們說「心手相連」這四個字時,想像一下,我們人站直,雙手打開成一個十字型,會發現手是我們心臟的延伸。在中醫裡,關於心臟重要的循環經絡也是經由手。而我們的手平日會寫字、畫畫、烹調……聽著心裡的聲音去創造,也可以說,手就是靈魂的觸角。當一位母親用她靈魂的觸角去撫摸孩子,所謂的療癒,就會在這種連結點上產生。

如果不會按摩怎麼辦?那麼請用雙手多擁抱孩子、安撫孩子吧!即使面對孩子的失落、情緒起伏,你只是拍拍他,都會比什麼都不做好。

我們身體的波動,是最能真誠的反應自己的心念。千萬不要忘了用你的雙手或是你的身體,去對孩子表達支持喔,那是一種親密的愛的展現。

5.2 爸爸媽媽，笑一個吧！

你的孩子很愛笑嗎？那你一定是位愛笑的父母親，你給出去笑容的當下，收回的，一定也是孩子臉上天真的笑容。

不要不相信，這是出於鏡像神經元理論（Mirror Neuron）。

大腦裡的「鏡像神經元」理論於 1992 年被提出，這個理論表示靈長類動物最具模仿能力，當動物在觀察其他動物執行某個行為特質時，鏡像神經元受到激發，而產生同樣的動作，就好像照鏡子一樣。

小時候我學過芭蕾舞，我記得學習的前三年一直不開竅，手腳不協調。直到有一次在雙人練習和一位很厲害、非常有天賦的女孩一組，每天看她在我前面跳舞，也不過才一個暑假，我的舞技突飛猛進，舉手投足有了優雅的感覺。老師和媽媽因此稱讚我，但是連當時才 9 歲的我都知道，那是因為我被同組女孩的姿態影響了。

閱讀也是，國中二年級的時候，我有了自己的房間。寒假時有位女同學喜歡每天來找我，我們會一起窩在房間裡聊天，她來我家都會帶一本書，只要我們沒事做時，她就會安靜地看書。於是那個寒假我開始跟著她啃完所有的倪匡科幻小說，雖然我本來無聊時就會看書，但是那樣持續的閱讀量和習慣也是被同學所帶領起來的吧！

我們的鏡像神經元，隨時都在學習。行為上的模仿是鏡像神經元最容易看到的功能。小孩從出生開始，第一次會笑，通常都是被家人的笑臉逗

著笑,那時候我們所希望在嬰兒臉上看見的,就只是:「笑一個吧!」

然而隨著孩子的成長,我們對他的要求變多了,板著一張臉責備的時間也變多了,我們煩惱和生氣的樣子刻劃出我們額間、眉間的皺紋,而孩子望著父母的這張臉,卻默默地也形成了他的相貌。記住了,鏡像神經元,無時無刻都無意中在學習。

所以,如果你仍然是位盼望著常常看到孩子「笑一個吧!」的父母親,你隨時都可以對待他像你對小嬰兒一樣,真誠地送給孩子一個溫暖的笑容,這無需等待,馬上你就可以回收同樣的禮物。

常常笑,自己的面部表情也會變的柔和,當我們開心的微笑時,大腦也會分泌三種產生正向感受的激素(血清素、多巴胺、腦內啡),所以,也不時替自己的大腦創造一個正向的循環吧!

我很愛做鬼臉,因為我的爸爸媽媽也很愛做鬼臉!

5.2 爸爸媽媽,笑一個吧!

自己的姿態，會影響自己的大腦，而更重要的是，大人溫暖穩定的內在狀態，也同樣的會透過自己的面容映照到孩子身上。

沒有一位父母親會給不起笑容，有時候只是我們沒有意識到我們需要，或是長期讓自己處於一個低潮狀態，還沒有花時間先修復自己的身心，就把板著一張臉的樣子拿來面對孩子。

教育無他，愛與榜樣而已，要能給出榜樣，我們必須時常覺察自己。

孩子的笑容，就和一面鏡子一樣，其實反射出一整個家庭裡所有人的關係與狀況。

爸爸媽媽，笑一個吧！

延伸閱讀與探索

推薦閱讀《大腦的鏡像學習法》，作者菲歐娜・默登，書中會告訴你為何爸媽是最初的老師？因為大腦的鏡像系統扮演著關鍵的角色。

5.3 擁抱遙遠的祖父母，一起旅行吧！

面對漫漫的寒暑假，你家也有「忙碌的孩子」和「遙遠的祖父母」嗎？這裡說的遙遠，不是真的距離遠，而是長輩仍然住在家中，孩子卻因為活動太多，並沒有真的與長輩有時間相處與交流，是心中距離的遙遠。

有一次在作家龍應台的臉書上讀到下面這段，她看到兒子安德烈為失智的外婆美君按摩時，她做的文字紀錄：「時空遙遠錯置如兩個星球的隔代人，一個是 20 世紀，一個是 21 世紀，他們生命的軌跡只能有剎那的交會，在那個一瞬間即永恆的片刻，可以為彼此做些什麼呢？」

即使美君已經不認得任何人，但是安德烈仍然認得美君，即使美君無法言語，但是透過手指的撫觸、身體的回應，就算是意識已經漂流到另一個維度，在此刻當下，20 世紀和 21 世紀的身體細胞仍是透過這樣親密的接觸在交流著。美君不會記得，但是龍應台和安德烈會記得，他們曾經在某個夏天的午後，老中青三代這樣短暫彼此交織的畫面，或許有一些無力、有一些撫慰、也有一些嘆息，但是這就是家人之間的愛的流動。

小馬與老馬

小馬出生的時候，我的父親，也就是小馬的外公已經 84 歲了（現在他已經 95 歲了），那時候看到家裡有新生兒的到來，對於高齡、凡事提不起勁的老人家而言，簡直是像打了劑強心針一樣。我的父親興奮地幫他

取了「小馬」這個小名，因為父親的生肖也屬馬，他自詡為「老馬」，經過了 84 年，7 次生肖的輪迴，終於迎接到「小馬」的出生。

老馬常常和小馬烙英文說：「I am older. Old horse leads the way.」意即「老馬識途」。

如果說，人生是一場棒球比賽，在當時，小馬才第一局上半，老馬是八局上半，沒想到轉眼間十一年過去，老馬已經到了九局下半，萬幸，身體還算硬朗，還可以和我們一起外出旅行，除了走不遠，上下樓梯很吃力需要攙扶。

從小馬還沒滿一歲開始，我們和外公老馬，以及外婆一起挑戰國內外的出遊，至少數十次了吧！有人問，我為什麼要把自己搞得這麼累，一個人帶小的又老的出門，甚至有時還出國玩，假日好好休息不是很好嗎？

我覺得，就當我是在替自己和孩子的記憶寶盒做親情存款吧！這樣的存款，有些家庭老中青三代同堂在同一個屋簷下，也常常忘了。因為中年人忙於工作、孩子們忙於學習，造就了住在家中但彼此心中卻十分遙遠的祖父母。

不管是平日、或是漫漫的暑假，如果身邊還有祖父母，不管他們是在棒球比賽的第六局、七局、八局，我們都應當有意識的，帶著孩子替全家安排定時定額的儲蓄，它的儲蓄名稱就是「擁抱祖父母」，因為那是一項本金只會越來越少，但是不做會後悔的投資。而用心擁抱的當下，不僅是身體的細胞在交流、大腦裡的記憶寶盒也在彼此加值中。

這樣的投資不能久久才來一次，就像是在公司主管要約談下屬一樣，如果你一年才找部屬面談一次績效，一開口就是批評和指教，那會流於形

式,並且多數無法坦誠交心。尤其跨三代、跨世紀的溝通更是,因為年齡社會和文化觀念的不同,如果要能讓十歲的孩子和八、九十歲的愛流通無礙,其實更需要常態的溝通和分享。

安德烈為何肯願意幫已經不認得他的外婆按摩,而不覺得美君已經失智了,這樣服侍她徒勞無功、是沒有意義的事?我相信他的行為和意願,也是受到了母親身教的影響。

有時候我們的孩子對祖父母很冷淡,其實是我們忘了刻意去安排,讓他們在擁抱祖父母的環境和文化中成長。**讓孩子擁抱祖父母,其實也是在擁抱自己,因為家庭的和樂和包容,是天底下最幸福的事。**

「時空遙遠錯置如兩個星球的隔代人,一個是 20 世紀,一個是 21 世紀,他們生命的軌跡只能有剎那的交會,在那個一瞬間即永恆的片刻,可以為彼此做些什麼呢?」

在我們家,是一起旅行吧!我能做的,也只是在這個地球上陪伴上一代和下一代一小段而已。

凱西的打氣站

祖父母的生命雖然在一點一滴的流逝,但是能量守恆,那份愛的溫度,只要做三明治的中年父母親能記得刻意去連結,它都會滋養孩子的成長,在家庭的親情存摺裡記上這麼一大筆。或許未來在孩子的人生低谷中的某一刻,他會需要這樣的老本,再次被賦予力量、鼓起勇氣繼續前進喔。

5.3 擁抱遙遠的祖父母,一起旅行吧!

5.4 我是奶奶記憶的鑰匙

「媽媽，有妄想症的人，他們的腦袋有什麼問題？是頭和身體上下顛倒了嗎？」小馬在床上睡前，突然冒出了這個問題。

「什麼意思？你是在說誰？奶奶嗎？」

「對啊！我好生氣，昨天爸拔在大賣場要牽她，扶她走路，她居然把他的手甩開，叫他壞人，他是我爸爸耶～奶奶怎麼可以這樣對他！我以後不要理她了。」

「我請問奶奶會對你這樣嗎？奶奶是不是全家對你最好了？」

「不會啊～奶奶看到我就笑，我只是不喜歡她這樣對爸拔，爸拔難得工作回來看她，但她把爸拔當外面的人，他不高興。」

「奶奶老了，她的腦袋裡有很多激素都不會分泌了，很多東西都忘了，就像你的樂高機器人陪你最久的那一個，是不是它的頭到頸部連接的地方的零件也掉了？」

「嗯～可是爸拔是她兒子，她怎麼會忘了？他一定很難過。」

「沒關係啦！爸拔自己要面對這個情況，你不是都說你是奶奶的小鑰匙？全家她最認得你了，你都可以讓她開心，你知道為什麼嗎？」

「不知道～」

「因為啊，你長的和爸拔小時候一模一樣耶，她還是很愛爸拔，只是她現在腦袋裡的零件，只剩下記得爸拔小時候的記憶零件，所以她好愛你，就等於她還是很愛小時候的爸拔啊！不管是小時候還是現在的爸爸，他們都是同一個人，所以不可以生她的氣。」

「真的嗎？那下次我要帶我的筆記本去奶奶家。」

「為什麼？因為奶奶重聽，你要寫東西給她看嗎？」

「不是，這樣我才能觀察和記錄，她到底忘了什麼，找出原因，我要看看怎麼幫助她！因為她是我奶奶，我是她的鑰匙！」

我聽到小馬用十分肯定的語氣說完，把它當成一件重要的任務，我摸了摸他的頭，也肯定他，哄他趕快睡了。

原來，先生和我在車上聊天的內容，他在後座都默默吸收著。先生這次從外地工作回家，短短停留一週，他覺得他的母親已經把自己當成客人，心裡的感受很複雜，覺得有些無奈，因為曾經，他是她最盼望回家的孩子啊！而這其實是先生自己對現狀無能為力的遺憾，並不是真的生母親的氣，因為我們都知道，她生病了！

小馬是最崇拜爸爸的，大人的情緒，小孩也接收到了，但是無法分辨，那背後大人真正的、五味雜陳的感受。

我其實蠻驚訝小馬會對自己爸爸和奶奶關係互動的不同有所覺察，也欣慰他還有想要幫奶奶找出問題解決的想法，他是一個有共感力和同情心的孩子。

而我更慶幸還好他什麼都願意和我分享，母子持續著每天晚上睡前的聊天時光，所以我可以知道他最新的發現、溝通和機會教育他未知的觀念。

　　但是小馬的奶奶只要一生病就會發作的瞻妄現象，和邁向老化衰退的事實，這又再次提醒了我，**面對家庭裡的老人課題，我們親人的態度，其實是教導和培養孩子對他人同理心的起點。**

　　我們在日常怎麼說、怎麼做，孩子都在看，而且未來也會形塑類似的想法和觀念。

　　這是家庭倫理和愛的身教，是開學後在學校，老師無法取代家長教導孩子的最重要科目。

5.5 行有餘力，當一位志工爸爸或志工媽媽吧！

「媽媽，我告訴妳喔！老師有拍妳來班上教跳舞的照片喔！」

「喔，真的嗎？你怎麼知道？」

「她說她放在社團群組給大家看，我跟妳說，我好高興喔！」

「哈哈，你高興什麼？」

「我高興老師拍妳呀，我還高興妳來班上教大家跳舞啊！我的同學也很高興，妳下次一定要再來好嗎？」

睡前悄悄話，小馬這樣和我甜甜的私語著。

小馬大班的時候，我去了他的幼稚園教跳舞，我編錄了一些好聽的各國音樂和分享民俗風情小故事讓孩子們從藝術中、遊戲中接觸世界。

一開始我本來只是單純地想，因為疫情不用出差，那麼把這些碎片的時間拿來練習一些自己曾經擅長又喜歡的事吧！像是我小時候受過嚴謹的鋼琴訓練，還有最喜歡自己編舞蹈，高中畢業時曾經當過鋼琴家教，開始工作後我旅行過許多國家，也很擅長說故事。這些種種，都像是我身上珍貴的人生歷練，放著不用很可惜，拿來教學和分享也不錯。

因此，我在小馬 6 歲的時候，成了志工媽媽。

坦白說，小孩子不學跳舞也不會怎樣。不順便知道一些世界人文知識也不會怎樣。

但是志工媽媽的概念就是，你會什麼、身上有什麼十八般武藝，都可以拿出來跟孩子們分享，這就是除了書本以外的教學，可以豐富孩子的生活資料庫。

小馬升上小學之後，我又再次申請成為晨光的志工媽媽。我還記得小一下學期的某一天，我一如往常走進了他的教室坐下，等待大家到齊準備去舞蹈教室，一位面熟的孩子特別走向我來很有禮貌的打招呼。

「小馬媽媽，妳好。」我猶疑著看著這似曾相識的小臉，忘了他的名字。

「媽媽你們認識呀！他是轉學生，下學期剛轉進來。」老師望向我們，好奇我們怎麼認識。

「對！你是小馬幼稚園的同學，你叫小勻對吧！」我突然間想起，這位同學我印象特別深刻，因為他在大班的畢業餐會上缺席了，那個月，他失去了爸爸，想必過去這一年他一直都很不好過……

「對呀！小馬媽媽我還記得以前在幼稚園上過妳的課喔，很好玩！我很喜歡。」

自己的孩子讚美自己不稀奇，其他的孩子走過來主動和我相認，彷彿是在那剎那間，我終於知道這一年多來當志工，它的意義何在。

與其說我只是在無償的教孩子們跳舞，倒不如說成為志工這件事，其實是個利他又利己的行為。

利用這短暫沒有目的性的教學機會，我拿出了過去近五十年一直沒有收割，但從小被灌溉早已熟成的藝術果實，分享給其他的孩子們，帶給他們快樂，而我和我自己的孩子則得以獲取了一起共好的愉悅時光。

把曾經接收的養分重新拿出來付出，就像送禮物一樣，我創造了一個自己也受惠的善的循環。

小孩子最開心的就是看到自己的爸爸媽媽在學校做志工，就像是小馬一樣，他覺得很驕傲，他替同學們帶來了很會教跳舞的媽媽。

我最開心的就是發現，原來自己除了日復一日的賺錢養家，還有一點小小的能力，可以給某些孩子們留下一些歡樂的回憶，即便那樣的經驗在他們的一生很短暫、很渺小、很微不足道。

如果校園裡能夠有許多的志工爸爸或媽媽，那麼大家的孩子好，我的孩子一定也共好。所以如果你也有孩子在學校，不管是幼稚園、小學、還是中學，如果有機會，請你也試試當一位志工爸爸或是志工媽媽吧！

樂於付出和分享，這不是教孩子的口號，而是身為家長能做給孩子看的最佳典範和身教。

凱西的打氣站

1. 做志工的頻率不在多，能力所及、有心就好。
2. 目光不要只在自己的孩子身上，讓大家的孩子快樂，多點笑容，我的孩子一定也會一起快樂。

5.6 平常一起運動，這也是愛的展現

　　不是所有過動症的孩子都愛動，有些孩子天生運動神經發達，喜歡跑跳，但是對於小馬，因為欠缺肌力，當需要運用的肢體末端，或是同時運用不同的肌肉群協調運動時，例如跳繩，他都會有困難。

　　我和朋友常常開玩笑，如果小馬有選擇，他會選靠著或是躺著，能不動就不動。

　　這樣說自己的孩子好像自曝其短，但是，能夠體認到孩子目前的限制在哪裡，不要強迫他和別人站在同一個立足點上，這樣親子間的磨擦和壓力都會少一些。先想辦法啟發孩子動的意願，更為重要。

　　每個人都知道運動對身體的好處，但是大部分的家長，包括我自己，一開始也只是想把孩子丟給教練，自己樂的清閒。不久後我卻發現，除非老師或學習的內容本身特別吸引人，小馬的運動習慣很容易半途而廢，尤其碰到需要和別人一起玩的團體運動，這樣的課程或社團，小馬常常去了幾次就不想再去。

　　「跟不上的困難」的確是過動兒的一種看不出來，也說不出口的壓力。

　　所有的親子專家都說，如果能夠由父母親先開始，一起帶領陪伴孩子運動，穩固他的運動習慣，往往會比讓孩子直接去和別人競技來的容易。

我當然知道啊！但是這也考倒我了，我不擅長跑步和玩各種球類。我先生長期在國外上班，雖然他很會打球，但是遠水救不了近火。我相信許多母親都和我一樣，有滿滿的母愛，卻也有體力的極限。要陪著孩子一起運動這件事，對於許多母親，在體能、或下班忙完家事後的精神狀態上，是有些心有餘而力不足。

如果我有剩餘的時間，我想做些靜態的活動，像是看書、躺著聽音樂或是滑手機，好好的休息。我必須承認，心態上要真的帶著孩子運動，需要做極大的調整與努力。但是對於還沒有到青春期的孩子而言，很多事，只要父母陪著他做，就是一件好玩的事，運動也是。

所以，抱持著「一起玩吧！」的心態，我就不會被自己的想法，像是「我工作這麼辛苦、還要做家事、陪做作業、陪運動，多累啊！」所困住。

也因此，小時候愛跳舞的我，去接受了 ZUMBA®Kids+Kids Jr. 的兒童有氧老師訓練，在跳舞中創造許多小遊戲，也會去小馬的班級教跳舞，他會因為看到媽媽在前面教學，而玩得格外開心賣力。

只是去班級帶動孩子跳舞畢竟不是常規性的活動，親子一起動，要能日常持續更重要。我找到了幾個讓我們彼此能持續的方法：

1. 選擇最簡單的運動開始

開始，是最困難的，不要做很大很遠的計畫，如果家附近的環境有能夠跑步的地方，走出去，有空的時候就陪著孩子快走散步或跑幾圈，都勝過要等到真正周末有空時，才去特定的地方運動。

2. 選擇二～三種室內隨時可以替換的體能運動

孩子上了小學後，平日可以去戶外的時間有限，我們家的體能運動是跳繩、看著 youtube 或抖音跳健身操。每天 30 分鐘。跳繩時我們會設一個目標，小馬跳累了換我跳，由他幫我數數，所以他覺得這是輪流運動，不是只有逼他做運動。而選擇 youtube 或抖音跟跳健身操，主要是直播主都會有些逗趣的說話段子，滿足孩子想看電視的 3C 癮，至少人是動著而不是坐著，也算一舉兩得。

3. 做運動也列入任務積分集點的零用錢獎勵方案

小馬四年級開始有了零用錢，而零用錢是從自己達成任務賺取而來，所以每天運動打卡，也是賺健康、又賺零用錢的好方法。

4. 請學校老師也加入鼓勵孩子多多運動的幫手

小馬中年級的導師很配合我們家的鼓勵方案，只要他在家陪外公或是和爸媽一起運動，拍照給老師看，老師也會給予學校的獎勵章。

多做運動不只能加強核心與肌力的訓練、肢體的動作還可以幫助大腦前額葉皮質層的神經元連結，提升專注以及學習力，對於每一位孩子的成長期都十分重要。

孩子會喜歡從事一項活動，首先他必須要有模仿的對象，父母就是他最初模仿的對象，由父母開始帶頭，小孩跟著做，那麼運動量就會慢慢增加。透過陪伴也能發現孩子對不同運動的喜好或專長，再依據孩子的意願做更深入的學習，那就是興趣所在，而不是被家長逼迫了。

平常一起運動吧！這也是一種愛的展現，更重要的是，親子一起運動的時光，無價！

5.7 愛他，就不要讓他當機

　　升上四年級後的小馬，功課越來越多，他常處於一個做不完的狀態。別的孩子可能一個小時可以完成三項作業，但是小馬一個小時都還不見得可以完成一項。因為手寫控制力和理解狀態，都還沒跟上。

　　在四年級上學期的期末，又發生了一次小馬把數學考試卷直接收在抽屜裡，不肯作答的現象。上一次發生是小學二年級上學期，我以為，這兩年來他的狀況應該有進步啊？因為他的國語和數學成績，以分數來看也都是往上成長的。

　　期末考時，老師發了一張他趴在書桌上不肯考試的照片給我，而背景是其他的孩子正在低頭振筆疾書，小馬的嘴巴是張開的，眼神目光呆滯，與其他孩子的專注，反差極大成為對比。

　　「為什麼會這樣？」老師問。

　　「可能比較晚睡吧！昨天他爸爸好心幫他複習，所以到比較晚。怎麼辦？老師，他可以補考嗎？」我擔心的問。

　　「現在我讓他坐在我旁邊，哭哭啼啼的，我陪他寫。我再給你兩張今天的考卷，你回去讓他試著寫一下，我只是要比較一下是不是真的不會，也只能這樣了。」

　　老師仁慈的給他第二次機會，這讓我鬆了一口氣，但是也給我了一個警訊。

我沒有告訴老師的是，我先生，早幾天前因為幫小馬越洋連線視訊複習功課時，發現他不專心，眼睛完全不知道飄到哪去，所以狠狠地罵了他並且掛了視訊。小馬那天睡前非常難過，哭的淅瀝嘩啦，先生是小馬最喜歡的玩伴，可是突然對他這麼兇，我可以感覺到小馬一整個晚上都睡不穩，似乎都在做惡夢，身體發抖著嘴巴念念有詞。

　　我把那張拒考的照片傳給了先生，告訴他情況，我說：「你給他的壓力太大了，他有他的困難。」

　　「這個社會上誰沒有壓力？別的小孩沒有壓力嗎？憑什麼我們自己的孩子不需要有壓力？」

　　先生在氣頭上，我不想再吵下去，我想起了心理師黃老師告訴我的話：「別的孩子，可能先天上他們的體能和精神的亮度就有100瓦數，但是小馬只有50瓦數，然後他又有ADHD，能夠集中注意力完成一件項目的時間已經要延長兩三倍了，可是在競爭中，你們又要他會這麼多東西、至少做到80瓦度，妳想一下，他承受的壓力是不是比別人大？」

　　我又重新滑到那張小馬嘴巴張開，眼神呆滯，頭垂在桌子上在教室裡的照片，心中有一絲不捨。做為小馬最愛的媽媽，我居然第一件事不是關心他怎麼了，而是問老師怎麼辦，可不可以補考？那張照片告訴我，小馬的精力用盡了，他就像是充滿了程式和過多垃圾檔的電腦，耗盡了硬體和記憶體空間，他當機了！

　　為了準備考試，一直被功課和評量填塞的壓力，和擔心自己做不好又會受爸爸責罵，被爸爸關門離去（掛掉視訊）的情緒，是壓倒他的最後一根稻草。或許先生只是覺得小馬學習有困難，好心想帶著他脫困，但是並沒有覺察到其實小馬已經完全無法承受，和跟不上他的期望。

家裡流動的愛，是滋養，但是過於急迫，或是只想達到一己的目的，沒有顧慮對方，只會成為承受不起的重，讓孩子當機，令人窒息。

我又想起了我的中醫師告訴我的話：「==不要一直想著要怎麼解決問題，孩子的精、氣、神的狀態是他身體的本質。本質沒有處理、沒有穩固、沒有給他時間消化，那麼所有的問題都只是表象，它都會再發生，想要塞給孩子再多東西也沒有用。==」

我嘆了一口氣，不管是中醫師，或是心理師，她們說的話都有道理。有些事情，也是經驗過了，才有如此深刻的體會。

凱西的打氣站

夫妻間或許有不同的專長，家庭的教養中可以各司所職，勝過於做自己不擅長引導的事。例如：如果夫妻其中一方的父親比較適合陪玩，很有活力，但卻沒有耐性，那麼就讓他做孩子最愛的大玩伴，好好維持健康的父子關係，而不是硬要父親去分攤教功課這一塊。這樣也避免了父子的衝突，以及夫妻失和，這是我從這個事件上，所得到的寶貴經驗。

5.8 小馬與外公的多重宇宙

「唉……小馬，我真的希望我能看到你長大！我想看到你結婚，我想……」

家裡九旬的小馬外公，平日風趣健朗，但是最近有些意志消沈，因為身邊的朋友大多都走了，活到這把年紀，雖然已見過大風大浪，知道生命有時，但偶爾仍是情緒不穩，有人生已如沙漏流逝般，一去不復返的感嘆。

有一晚在餐桌上，吃到一半，外公突然放下筷子，人坐直看著小馬，冒出了這句話。他的口吻十分傷感，連我聽了都了沈默了十秒，不知道怎麼接應，晚餐的氣氛突然降到了冰點，變得有些沈重。

沒想到坐在餐桌上另一端，正專心的對付著他手上還不太熟練的筷子，大口吃著牛肉麵的小馬，想都沒想就這樣回答：

「阿公，簡單！我叫20歲的我來給你看！」

「你在說什麼啊？！（用鄉音）」外公愣住……

坐在餐桌旁的外婆，忍不住噗哧的笑出來，這樣插了一句話：「你哪裡找來20歲的你啊？那現在10歲的你在哪？怎麼可能有兩個你？」

「我叫另一個我穿越時空過來啊！10歲的我還在這裡，沒有人規定另一個時空的我，也是10歲，他可能是20歲或30歲。」

「你怎麼知道會有20歲和30歲的你？」突然換我也好奇插嘴了。

現在是在看穿越時空《媽的多重宇宙》這部電影嗎？餐桌上的氣氛，因為這個話題的轉換突然從一開的沈重轉變的有趣起來了⋯⋯

「因為我和他們兩位，有見過二次。」小馬的眼珠子轉了轉，一付小大人似的點了點頭，開始得意起來了⋯⋯

「什麼？！你們怎麼見面？！在哪？！」

「在我晚上睡覺的時候，他們來找我，就在家裡！」

「你開玩笑的吧！他們和你聊什麼？」

不同年紀的小馬穿越時空來和外公外婆相聚，也不無可能喔！

5.8 小馬與外公的多重宇宙

「他們有時候會鼓勵我，要我加油，還告訴我，這間房子有一天會不存在，他們現在正在想辦法，要一直找到100歲的我，回來一起看看。所以現在我要趕快通知他們，不管幾歲的我，叫他們通通回家來先看外公！這件事包在我身上！」小馬一本正經的回答。

「哈哈哈哈，你在胡說什麼！」外公被小馬逗笑了，原本的沮喪一掃而空。

在飯桌上，看著他們外公、外孫檔開玩笑逗趣的畫面，突然換我失神了起來，我多希望這一刻就停止在現在，因為時間它再也不會重來。

那天晚上睡覺前，睡不著翻著手機照片，我彷彿看到那騎著單車在小馬前方的外公，我的父親，他停下來，轉過身回頭看著的，仍是四十多年前搖搖晃晃地，仍不太會騎車追著他的我。而轉眼間他已經是個九十幾歲的老翁了……

面對父母親的老去，或許，連我都需要另一個平行宇宙的自己，來給我一點勇氣，告訴我，這一切都會沒事的。

正值中年的三明治族群，上有老、下有小，是壓力最大、最辛苦的族群，但或許也是最幸福的族群。有時候，我們並不是只有付出，其實長輩的健在，孩子的出現，他們都是滋養我們的那一方。

因為在此刻，我才真正的理解了，什麼是生命。

==愛，也是一種創造力，讓家裡流動的愛滋養孩子的內在，就是教導孩子擁有付出愛的能力！==

PART 6

點燃孩子的動力，
以正向鼓勵提升自信

這個世界上要有多一點的啦啦隊，我們才能擁有更多的冠軍。

6.0 手持著點亮孩子的魔法棒

近幾年很流行一句話,「找到孩子天生的光」。

彷彿每個孩子都一定要有自己獨特的天賦,而父母的任務就是要找到他的光,才不會這裡比不上,至少可以那裡比的上,那萬一孩子每個地方的光都很微弱呢?

說實在,不是每個孩子在某一個特定方面都能有過人的天賦,也不是每個孩子從小就看的出來對什麼比較擅長。如果發現自己的孩子有些平凡,沒有自己當年厲害,也不要失望。那些很小就被發現,在某些方面有過人之處的孩子,有時候真的只是運氣好,但絕大部分,是因為身旁有極大的助力在引導他們發光,只是我們看不到。

平凡,沒有什麼不好,孩子本身就是老天爺賜予的禮物。

我覺得不管孩子是平凡還是超凡,孩子的「天真」就是最大的天賦,而肯「努力」的性格也是一種天賦,但最重要的是培養孩子的「內在驅動力」,才能讓他自己發光。

每個人都有渴望的事物,如何能勾起孩子追求一個目標的動機,點燃他的自信,從內在激發出想要努力的光芒,願意相信自己,把自己那道微弱的光芒顯現的更明亮,這需要孩子的父母親,手持著一個「正向鼓勵」的魔法棒,點亮它。

6.1 學習欣賞孩子天生的模樣

「媽媽，我告訴妳，我上輩子一定是杜甫。你知道杜甫嗎？那個詩人啊！」

「哦，為什麼是杜甫？」

「因為他和其他的詩人比起來比較耍廢。」

「哈哈哈，你在說什麼？所以為什麼是你來幫他投胎轉世？」

「因為我也很愛耍廢，你看，我在天庭上為什麼這麼久才下凡來找妳投胎？就是因為我喜歡躺平、我愛睡覺。」

我聽了無語……

十歲的小馬已經從漫畫讀物中學習到許多人物故事，有時候又因為旅行，聽聞了不同國家的人文風情，也從電視和網路上學習著各式該學、不該學的東西。他因為閱讀專注力的困難，目前只喜歡看漫畫和圖文並茂的讀本，對於純文字讀物，尚有難度。我覺得，先順從他能學習開啟自己最大的模式，不要排斥書本，能夠喜歡讀漫畫也很不錯。當然，帶著他一起閱讀，該做的還是持續做。

讀書和學習，的確會提升一個人的眼界，但是「天真」卻是孩子最純真的能量，也可以說是他原始的模樣。偶而，小馬會一下說自己前世是菩薩腳前的小書僮、一下又是愛因斯坦，這次又是杜甫轉世，而且還振振有詞！我聽了覺得很純真，也很羨慕小馬能擁有這樣想像力。

天真的孩子，他包容萬物的好奇心是寬廣無際的，保存的好可以用一輩子。但是大部分的時候，我們卻常常用自己的價值觀去框架住孩子的思考。許多的孩子，花費多時、耗盡力氣，最後卻發現走在一條不擅長的道路上，只因那是父母期望的方向。

　　想要陪伴小馬找到他的天賦道路，我嘗試著先讓自己的想像力和視野要先能更寬廣一些，包容他許多奇怪的想法，也要能拋開。「他正在說或是正在做的事是主流認為沒有用」的標準，不要這麼急的限定他。如果看漫畫也可以讓小馬知道杜甫，那麼有什麼不可以呢？因為每個孩子的天賦和才能，不見得會發生在學業，或是一些主流才藝上。

　　我覺得像小馬這樣喜歡說話、亂編故事的孩子也是挺可愛的，這或者是一種衝動的症狀，有時候也很吵，但應該也算一種天生的才能吧！

　　想要找到孩子的光，首先要先能鼓勵孩子願意發光，我們才能協助他整理那四散雜亂的小光束，慢慢聚焦調整到一股大光束，照亮那條可以讓他發揮內在天賦的通道。

　　我們欣賞孩子的眼光真的可以再寬廣一些，對吧？

延伸閱讀與探索

　　推薦書籍《你以為的偶然，都是人生的必然》、《把日子過好，把自己活好》，作者千里淳風擅長命理，認為理解孩子天性所造成的影響力，或許比教養更為重要。

6.2 我穿著天空藍的衣服，我會在終點等你

2023 年 4 月 16 日，小馬的學校第一次舉辦全校水岸路跑活動，我特別請假去學校當志工。

因為高、中、低年級的孩子體能不同，路跑距離也分了三組，我的志工崗位在中年級的折返站，約三公里。

志工間有一個路跑 line 群組，各個折返點會互傳訊息，活動進行了約五十分鐘近尾聲，眼看著幾乎所有的中年級孩子都繞到折返站拿了抵達信物再往回跑，我仍是等不到小馬。此時，前一個折返點的志工在群組傳出了這個訊息：

「這位是最後一位！」

我點開 line，看到了另外一位志工媽媽貼了路跑最後一位孩子在中途的照片，是小馬，他還在跑！

那位志工媽媽負責的是在路途中來回騎著腳踏車，回報中間所有的狀況，有孩子跌倒受傷，無法再跑要折返，她要通報。他看到了小馬氣喘吁吁的遠遠落後於前面的孩子，問他：「你還可以嗎？要繼續跑嗎？」

「唉喲！我又是最後一位！」

志工媽媽在事後跟我形容著他的表情，自己用手拍著自己的頭，有點

怪自己不爭氣。

「加油！如果不行不要勉強喔！」

「我可以！」

「好棒！小馬加油！你媽媽在終點等你！」

我還記得那一天的氣溫接近 30 度，孩子們各個被太陽曬的臉紅通通的，有些已經氣喘如牛，跑不動手扶著肚子開始用走的，有些孩子因為摔倒受了傷，被迫放棄。

接下來 10 分鐘我心中一直忐忑不安，閃過他會不會有走不動了就掉頭回起點的念頭，因為距離最後一批中年級小朋友拿到信物返回已經又過了一陣子了。

志工媽媽們開始在收拾著折返點的桌子旗子，我仍然眼巴巴的望著小馬該來的方向。

突然，我遠遠看到一個穿著綠白運動服的小點，本來是拖著步伐用走的，看到我突然跑起來！

隔壁的志工媽媽，也暫停了收東西，望向他說：「妳兒子是不是穿綠色短袖長褲？」

我用力的點點頭，眼睛一直盯著那個向我狂奔而來的小點，是小馬！然後我誇張的邊跳邊張開雙手揮舞大叫著：「小馬！加油！快到了！」

我想起早晨上學時和他的對話：「我會在終點站等你，你一定做得到，你記得媽媽穿天空藍的衣服，你要在終點找我的顏色，你要撐下去！」

「嗯！好！我會的！」

我想，「我會在終點等你！你一定做得到！」像這樣的一句話，是接住孩子、支持他在這個時期最重要的力量吧！

小馬的年紀還小，還不懂得享受為自己而戰的榮耀，但是至少他會為了媽媽在等他，為了這個約定而堅持到底，願意去挑戰他最不擅長的體能活動。這是一個孩子成長的過渡期，而陪伴是最重要的力量。

我禁不住的再次在心中吶喊：「小馬，這樣堅持的你好帥呢！你永遠是媽媽心目中的第一位！小馬，我一定會在終點等你！」

凱西的打氣站

在孩子的幼年時期，不要忘了常常傳遞給他：「不論如何，我都會等你」的訊息，而不是「你如果這樣，我就不理你了」的言語。父母親的願意等待與加油，是孩子內心安全感的來源，也是支撐著孩子努力突破向前的首要動力。

6.3 小馬和他的陪跑員

本來以為小馬有過第一次的路跑經驗，第二次就不會這麼難了吧！很快的，學校又要舉辦第二屆水岸路跑了。

小馬四年級下學期開學後狀況不是很好，因為換藥以及藥效問題，我們常常處於一個早自習沒有到校的狀態，也因此錯過了許多早上的跑步練習。老師很擔心他的狀況，怕他今年無法完賽，於是在練習時派出了陪跑員，是他同學小勻。前面的章節有提過，小勻在一年級從外校轉回，曾經是小馬幼稚園的同學，沒想到他們一路同班到中年級。

小勻是另一個特殊生，他有憂鬱與反抗對立症，但是他不像小馬，他的體能很好。他們倆唯一的相同點就是都沒有朋友，難以融入群體。

練習時，小勻很為難的問老師：「為什麼小馬都跑不動呢？他是不是有什麼問題？」他不知道要怎麼陪一個不太能跑步、會停下來的同學跑。

老師回答：「小馬跑不動，就像你管不動你的脾氣一樣，他有肌肉和專注力控制的困難，你有情緒控制的困難。」

其實全班並沒有人想要和小馬一起跑步，因為他會出神、亂晃、體能又差，會拖累大家。小勻之所以願意陪他，是因為上週他在一次情緒爆炸中動手打了不在狀況中的小馬，陪伴小馬跑步算是他的道歉補償。

小馬一直是團體中比較弱的那個，當有人需要發洩的時候，往往最熟、最弱的那個孩子，就是不經意被找上的對象，還好小馬沒有受傷。

有時候，我其實也無法對發生的事件有什麼感受，因為太多了，我只在意那些事件是否對小馬有什麼影響，除了機會教育，也要疏導心情。但是小馬有一個特質，就是健忘，他好像馬上就忘了這事。連續二天，他都很開心的帶回了小勻做的紙飛機，他說：「媽媽你看，小勻又幫我做紙飛機了，酷不酷？」他開心，是因為很少有同學關注他。

我知道這是對方母親或是老師特別交待小勻，要持續的對打人事件後做的補償。想了想，我發了訊息給老師：

「其實小馬並不太清楚為什麼小勻打他，或許他只是衝動、制止小勻發脾氣叫他安靜，但他也完全忘了這件事。之前小馬有時候和我分享小勻容易生氣、會亂敲東西，我知道他家狀況，也是很不容易的孩子。我想這週末也叫小馬自己做一張卡片，送給小勻，小勻送他紙飛機，小馬回送謝謝應該的，這些孩子，他們都需要朋友。」

我問小馬，除了做卡片，他還想做什麼送給小勻交換？他想了想選了一個二手小汽車，高興的拿去學校。

至於小勻會不會再爆炸，我不知道，就如同我不知道小馬的水岸路跑可不可以完賽一樣，要看他那天早上的狀態。但是我知道，不管他是處在什麼狀態，怎麼交朋友，還是需要練習的。

「在這個世界上，沒有人是一座孤島，也沒有人會想要永遠躲在陰暗的角落。人性的源頭就是連結，每個人的心底深處都渴望有人在乎、有人與你互通有無⋯⋯」我在《極限賽局》這本書中讀到這句話，很有感。

對小馬是，對小勻也是，他們其實都渴望著與人連結，只是需要更能控制好自己一些，人和心更穩定一些，才能有比較好的磁場讓人靠近。

小勻的父親於他六歲時癌症過世，家庭生活也有著不容易的地方，我想這也是他在潛意識中無法控制自己情緒的主要原因，看見一個孩子所面臨困難的背後，會比只聚焦在他眼下發生的問題，更重要許多。打人，只是表象顯現出來的症狀。

這是我們需要時刻提醒自己的部分，也要教導孩子一起去覺察、願意去同理他人。當然，如果看到情況不妙，還是要懂得自我保護和閃躲。

後記

2024年4月3日，因為有了前一年最後一名的經驗，小馬很恐懼這次的路跑，前晚害怕的快睡不著。而我，當然還是那句話：「記住，媽媽會在終點等你！你可以的。」

這一次最後令我驚訝的是，陪跑員小勻沒有忘記小馬，他自己先跑完到了終點，主動告訴老師，他要回去找小馬。於是，他又跑回去約1公里，很有義氣的把遠遠落後、正拖著步伐走不動的小馬領了回來。

在我心目裡，小馬和小勻，他們兩位在這場路跑中，都是自己的冠軍。

我相信在小勻的心底深處，也是十分渴望著，他親愛的家人，不管是單親努力工作的媽媽，或是在天上的爸爸，能夠站在終點處等他，並且告訴他：「你是我心中的冠軍。」

我本來告訴自己，下一次碰到小勻要再次稱讚他，但是很可惜，暑假過後，他轉學了。我只能在心中默默的祝福：「孩子，希望你在未來的日子，能夠找到自己的價值，開心健康的長大學習。」

6.4 讚美的話，說久了就會成真了

小馬上學期末數學成績五十九分，心理師黃老師上課前問我成績，我本來不好意思告訴她，因為她很用心花了一整個學期在教他好好用眼睛有策略的看題目、有步驟性的聚焦，不要衝動不要急。我不是為了他的成績感到不好意思，而是怕黃老師覺得自己的努力沒有成效。

我心裡想的是：「差一分，還是沒及格！」

沒想到黃老師說：「很棒呀，他剛剛來這裡只有 49 分，他進步了 10 分耶！妳一定要大大鼓勵他！這星期上課我會獎勵他。」

我不是不知道正向鼓勵的重要性，前面的章節我也提到，我一直努力在練習，只是為人母，老是會忘記，而且心口不一。

小馬從 49 分進步到 59 分這件事，讓我想起一則我喜歡的 Ted 影片。

美國知名教育家，麗塔皮特森，2013 年在 TED 做了一場極具感染力的演說「每一個孩子都值得擁有一座冠軍寶座」，她與其他教育工作者分享，她曾經帶過程度非常差的班級，是幾乎被大家放棄的那種。有一次她做了一個小測驗，一個學生在二十題的考試題目中只對了兩題，於是她在改分數的時候在上面寫了一個 +2，然後畫了一個笑臉。

學生看了先是驚恐地問她:「皮特森老師,請問妳給我的分數是 F 嗎?」(F 代表不及格)

「是的!」麗塔皮特森點點頭。

「那妳為什麼要給我一個笑臉?」

「因為你漸入佳境,你沒有全錯,還對了兩個!如果我們再複習一次這些題目,你是不是可以做得更好?」

「是的!老師,我一定可以做得更好!」學生拼命地點著頭。

麗塔皮特森舉了這個例子,然後詼諧的跟大家說:「各位你看,如果你給這個孩子『-18』,這樣的分數是不是令人想死?但是『+2』,是不是沒有這麼糟?」於是全場大笑。

「有些時候,你要讓孩子有信心,讓他相信他一定可以做得更好!說久了,它就會成真了!」

麗塔皮特森於演講的隔年過世,但是我相信她的一生,一定用這樣正向與溫暖的方式激勵了許多孩子的心。她的演說,即使到現在相隔 11 年,仍然是影響我最重要的影片之一,也改變了我對待孩子說話的方式。

五年級開學,學校導師傳來一張教育部國教署的獎狀照片,原來暑假時我帶著小馬花了三週一起錄的 Cool English 口說表達挑戰,入選成績優異獎。小馬很少得到校內的獎狀,更別說校外的獎狀了。想到黃老師要我

記得要常鼓勵稱讚他,因此他回家後,我特別和他說:

「小馬,恭喜你,現在回想起來,你認真練習了三週錄音,很有毅力,而且最後挑戰成功了,得到這張獎狀很不容易,媽媽以你為榮。而且,我覺得你在英文口說上非常有潛力,下一次要繼續加油喔!」

要說出口之前,我還特別想了一下,要怎麼說,才會讓他理解,我其實鼓勵的是他願意參與挑戰,以及在過程中的認真不放棄,並且我希望他意識到自己可以有無限的可能性。

==讚美的話,說久了就會成真了。但是多多讚美孩子,這件事,爸爸媽媽也要常練習,否則不常說,也會忘記怎麼做哦!==

📕 延伸閱讀與探索

1. 每天晚上睡前,可以說一句讚美或是感謝孩子今天表現的話語,讓孩子帶著它安穩入眠。
2. 每天早上出門前,可以說一句鼓勵的話,激發勇氣,讓孩子提升自信帶著它上學。

6.5 只要堅持不放棄，你就是自己的冠軍

「媽媽，今天要比跳繩比賽，但我被分到最弱的一組。」

「你不要管什麼組，你上場堅持到底就贏了。」

「可是，我跳好慢，一定會被笑，我會害全班輸，我可能要跳到中午了⋯⋯」

「你不要管別人，反正輪到你就盡力就是了！」

四年級上學期的某一天，早上出門前，小馬一直咕噥擔心著早上的跳繩比賽，他怕自己跳不快，也跳不完。我回應的聲音，有一些微弱，一心只想趕快把他送上學。

在家裡每天早上要鼓勵他上學，已經成了常態，叫他堅持、叫他盡力這種話講多了，有時候我也會疲乏，但還是勉強早上一定要和他打氣。因為每天都要重新努力、打起精神去追趕的感覺，真的很累，不只他，我也是。

是的，已經四年級了，跳繩還是無法連續跳，每次只會跳一下，然後手就放了下來。甚至，目前為止，他仍不會穩穩的單腳公雞站，不是沒有練習，就是肢體協調問題，比較慢。

我還記的那天早上九點半，我正在開著車往淡水的途中，老師傳來影

片，他居然一步一步跳著，每跳一步重新開始，跳了七十幾下一直到時間哨響……

我看著老師的訊息：「今天比賽中他還是最後一個，但是一步一跳，沒有因為自己跳的醜和不標準還是堅持下去沒有放棄，真令人驚艷啊，小馬很努力，值得嘉獎！同學也幫他加油，從一個班幾個人幫他加油開始、到全場都在大聲為他加油！在場邊觀看的主任，也特別來替他錄影，我也很感動。」

我當然知道鼓勵很重要，只是有時候，我其實再也想不出來怎麼激勵小馬了，但是沒想到，看到這個影片，我自己卻被他激勵了。邊開車，眼淚鼻涕流出來，一整個哭到不行。

原來，我今天早上那句微弱的鼓勵：「你上場堅持到底就贏了。」他還是有聽進去。

五年級剛開學，在黃老師那裡，小馬居然突破了跳繩連續跳兩下，更令人吃驚的是，接下來的三周，他居然從連跳兩下，一路進步到連跳二十下！

訓練一個 ADHD 綜合低張兒，跳繩是我們家最常做的復健。即使在心理課中，老師做的第一件事不是坐下來談話，而是帶著他跳繩，不厭其煩的提醒他跳完一次又一次，手不能放下來。因為凡事都要回到它的根本，想要孩子靜，要先能動。想要孩子的大腦發展突破限制，要先能回到身體與手腳的連結。

6.5 只要堅持不放棄，你就是自己的冠軍　　217

「加油，手不要放下來！」這句話，黃老師提醒了他九個月。

這句話，在家裡，每次陪伴跳繩時我也提醒了他五年。「手不要放下來，腳不要停下來，繼續跳！」也希望他自己要告訴他的大腦，自己的身體不能放棄，要堅持下去。

從小馬跳繩跳兩下，突然進步到二十下，這個故事告訴我：

「一個孩子一但啟動了他大腦和身體連結的開關之後，他就會自己找到路徑，把它從兩下，想辦法變成五下、二十下、到一百下。」

但是在那之前，我們必須陪著他做一千下、甚至一萬下，以及一直說他聽得懂的話，來引導他、激勵他。

如果在外面，你有機會見到一些表現相較遲緩、低弱或只是有不同特質的孩子們，也請不要和自己的孩子比較，多鼓勵、讚美他們。更不要隨意批評那些孩子的父母親，因為他們的日常，可能有你所不知道的困難，以及所需要付出的代價。

我想要和全天下的孩子說：「只要堅持不放棄，你就是自己的冠軍。」

我也想要和全天下的父母親說：「在這個世界上，做一個啦啦隊，而不是批評者。」

世界上只要有夠多的啦啦隊，我們就會看到不只一個冠軍，而是很多的冠軍出現在我們眼前，還有什麼比這個更美好？

6.6 真正的自信，
是來自於對自我努力的肯定

　　小馬的音樂教室終於在三年的疫情過後，舉辦了教室開業以來的第一場音樂會。那一場的表演，除了小馬之外，還有我上場，老師拜託我擔任那次音樂會的主持人。

　　我是個不怕站上舞台的人，我想那源自於小時候學習音樂和舞蹈，有豐富上台的訓練。只是，站在台上的時候，即使我每次都看起來自信十足，但總還是會擔心在台下黑暗處的一雙眼睛，是如何看待我這次的表現。

　　這雙眼睛來自我的母親。

　　從小，我的母親是我學習所有才藝的推手，在那個年代，每個月要花數千元學才藝是很不得了的消費。或許因為如此，我會擔心表現辜負她的期望，畢竟她很用心才讓我擁有了這些資源。

　　我還記得，那一天在完成音樂會接近三個小時的串場與主持工作後，我給自己的表現打九十分。其他的家長也回饋，整體過程溫馨流暢，穿插小活動有亮點，至少讓原本沉悶冗長一首接一首的演奏變得全場有互動，孩子開心，時間掌控得宜。

　　回家的路上，我馬上問了在車上的母親：「我今天表現怎麼樣？」

　　她不置可否，只是笑一笑，然後說：「哼～大材小用！」

我知道她的個性，這是稱讚，只是她覺得我把時間花在這些小事上，或許心疼我這麼累，很不值得。於是一句稱讚的話，在此刻聽起來似乎就有一些反向的效果。

接著，她開始批評中間一個孩子不太配合我演出的環節，認為我沒有把道具準備好，因為孩子的皇冠無法固定戴在頭上，所以一直掉，孩子因此也分心無法好好站著照角色演出，並且出戲了，她說：「那本來是這麼好的一個畫面，就這樣破壞了！妳應該把皇冠先做個鬆緊帶的！」

「我並不負責道具，我只是主持，那些都是老師提供的，所以看完一場表演，有這麼多可以講的，妳就只在意這個不是我負責的缺點？！孩子本來在台上就會有各種狀況，他不能配合，那很正常，每個小孩都可能發生狀況，我一點都不會在意！」

我回答的聲音越來越大聲，明明已經是半百的大人了，卻彷彿像個討好不成的孩子似的唱反調哭鬧。

在那天的回程裡，母親覺得我很奇怪，她只是給我一些反饋我就講話很衝、反應過大，而我最後就賭氣一樣的沈默不說話。

我想我在意的是，她沒有給我正面的回饋。

同一場音樂會，上場的不只是我，還有小馬，他平常彈琴時，連五隻手指輕鬆的好好放在琴鍵上挺住都有困難，但老師也給他機會，讓他體驗表演。

小馬被分配到的曲目叫《Rockin' the Blues》藍調的爵士曲風，這個

曲風，一般孩子都比較少涉獵，在旋律上則多了些手指跨度的升降，和不是中規中矩的節奏。曲子非常的短，跟其他學了三年的孩子相較還是簡單許多。

小馬上台前一個月的練習，一直很不穩定，常常晚上練到手痛了、紅了眼眶，一把鼻涕、一把眼淚。家裡晚上八點到九點間，傳出的如果不是琴聲、他的鼻涕吸呼聲、就是我的吼聲。

一直到正式演出時介紹他出場，我的心仍是揪著為他緊張，他彈的曲目已經是全場最短的了，可是只要一出錯，常常他自己就會一失神全亂了。

最後，他的演奏，流暢的完成了，在台上的水準，完全和在家裡彈奏不一樣，當他走下台時，伸出手和我比了一個讚的神情，那雙眼睛笑成了一條線，於是我和他點點頭，也伸出手和他比了一個讚。

接下來的數分鐘，我在台上主持，眼角仍瞄到，坐在台下的他，雙眼目光熱切的看著我，彷彿在尋求，我再一次望向他和他點點頭。

小馬在意的是，等待我給他肯定的笑容（正面的回饋）。

一場音樂會，二個孩子在表演。

我演給母親看。而小馬演給我看。

每一位表演者都需要觀眾，所以，我們最終在意的都是別人的感受，但是，真的是這樣子嗎？我希望不是的。

能夠站在台上說話不怯場，那是經由不斷的練習而來，能夠言之有物，那來自人生歷練，能夠讓好動的小孩們坐完全程、能夠讓不熟悉古典音樂，背景不一樣的大人一起投入享受，那是靠跨界不同的學習而且自己融會貫通的方法，我的音樂底蘊讓我理所當然的，成為接下這個主持任務的不二人選。

「這不是大材小用，這是在場只有我能完成的任務，而且是一件令我自己快樂、也讓孩子歡樂的重要任務！」我想要這樣對母親說。

我其實一直都知道自己在做什麼，驚覺自己陷溺在剛剛母親的看法裡。其實她只是一位旁觀者，她可以有任何看法，我也不再是未成年的小孩。參加這場音樂會突然給我帶來極大的反思，覺察自己與上一代的親子關係，似乎是復刻在我和下一代的關係上……這真的是我要的嗎？

不只我的孩子，在場的每位孩子，能夠上台，不管曲目長短，勇敢展現，就是自己的冠軍了！

晚上睡覺前，小馬對我說：「媽媽，謝謝妳來當我們音樂會的主持人，妳講的好好喔！我希望下次老師還會舉辦音樂會，所以我可以表演不同的曲子。」

「謝謝你讚美我，我好開心。那你覺得今天自己表現的怎麼樣？」

「我覺得我自己很棒！我以後一定可以彈更長的曲子。」

「真的？我也覺得呢！你看，經過了許多練習，你是不是越來越厲害了呢？」

「嗯！真的！」小馬拼命點頭……

鼓勵孩子重視以及覺察自己的感受，因為真正的自信，是來自於對自我努力的肯定，相信自己現在的所為是最好的展現，而不是由別人賦予的。

　　我們不用追逐別人的眼睛，我們真正要做的是展現那獨一無二的自己，而自信的光，自然會從內而外顯現。

凱西的打氣站

　　不管在孩子成長的任何階段，不管有沒有實質的獎賞，請仍不吝於給予肯定與正向的鼓勵，那是最基本的心理層面報酬。來自父母親的認同感，是孩子與生俱來需要的安全感。

6.1 來自宇宙的蝸牛

「在這個世界上,成為另一個人微笑的理由。讓那個人感覺到被愛,並且相信世界上有善良的存在。」

有一次在出差前,我想買一個禮物送給國外的同事。我在網路上搜尋許久,訂了一個自己覺得性價比高的珍珠白手提登機箱當聖誕禮物,賣家答應48小時內出貨。

過了兩周我一直沒收到,詢問多天後,拖到出差前,賣家才告訴我其實並沒出貨。他堅持要再出貨,但我已不想要了,因為出國在即,誰知道來不來的及?當下感受很不佳,也覺得算了,來不及就不送禮吧!

出差前一天早上我想一想,還是決定下班後去實體店買好了。每次到出差前所有的事情都會集中在一起,一直想把手上工作的事交辦完畢,但仍有新的事情跑出來。下班時,我匆匆去課後班接了小馬,一起跑去了一個15公里外的旅行用品門市,只有那裡有我想要的款式和顏色,但是塞車來回花了快兩個小時。

我只是不想食言,心裡還是惦記著要送這份禮。被送禮的對象是我的同事,她是一位單親媽媽,叫做安德莉亞。上次她和我出差時,行李箱壞了,用膠帶貼著不肯換。我知道安德莉亞不會花錢買,她平日省吃儉用,都是為了家人。她曾經看著我的行李箱讚美,這個白色好特別,國外的行李箱沒有像台灣的這麼有型。我只是想要讓安德莉亞知道,她自己值得更好的對待,所以我想送這個禮物給她。

那天，小馬離開課後班後，肚子雖然很餓，回家從停車場爬上樓梯時，他看到我肩膀上背著兩個包包，手又搬著裝登機箱的紙箱，非常狼狽，結果不小心東西散落滿地，於是他自告奮勇幫我搬箱子。

當走過社區中庭的露天庭園長廊時，因為箱高擋住了他的臉，他看不見前面，很吃力的越走越慢，我以為他要告訴我，他搬不動了……

沒想到他卻突然說：「媽咪，請幫我看前面地上，有沒有蝸牛，我怕踩到它們。」

我起先愣了一下，沒有意會過來，五秒鐘後，我突然聽懂了！

哇……是的，長廊在下雨天時總是有許多蝸牛，這就是我們家善良和敏感的小馬！

數年前，自從小馬親眼見到我不小心在下雨天的走廊「喀嗞」的一聲，踩死一隻蝸牛後，每逢下雨天，他都會惦記著四處在走廊的蝸牛，如果看到橫在走道中間的，他會一隻一隻的搬開，把牠們放在花叢中。

那一整日的東奔西跑，我一直處於一個喘不過氣，精神很不安穩的狀態。我掛心著孩子，不知道我出差時他會不會在學校有狀況。

但是小馬突然冒出來的這句話：「媽咪，請幫我看前面地上，有沒有蝸牛……」突然讓我緊繃的神經和眉頭，鬆了，臉上開始出現了笑容。

好吧！即使小馬和別人不同，在學校是隻慢蝸牛，他一定是個善良又關心其他生物的可愛蝸牛。

本來一直覺得多花了快兩個小時來回，重新衝去買一個行李箱很倒楣，但是卻因為這慢來的行李箱，提醒了我，自己孩子善解人意的一面。

我惦記著送給安德莉亞的同事愛，小馬惦記著送給下雨天的蝸牛關懷。

所以還有什麼好擔心的呢？小馬蝸牛的觸角一定會召喚宇宙的力量、有緣的精靈、還有許多蝸牛朋友們，在我不在的時候好好的看顧他的。

因為我的孩子，讓我在這個世界上，找到微笑的理由，並且相信世上的他人，會以善良回應善良的存在。**我們以為是父母引導著孩子，但其實是孩子用他純淨的心，引領著父母，成為彼此一起繼續前進的光。**

我們幫蝸牛打氣，陪著蝸牛慢慢走，
因此也才能看見世界週遭的美好。

PART 7

穩固自己的神光，
才能引導孩子發光

────────

你還好嗎？你一定要先好了，孩子才會跟著一起好喔！

1.0 閱讀，是穩固自己的基石

我們畢竟是平凡的父母親，說不在意，但還是希望孩子跟著主流的期待走，只是往往事與願違。

當自己因為孩子的事覺得徬徨，不知道怎麼做的時候，就多閱讀吧！並不是要你把老師、醫生或是教養專家的書當成聖經，而是讀書可以讓自己保持開放的不同觀點，參考別人的經驗與遭遇，重新覺察自己的故事，找到一個彼此可以相遇的地方。

理解，我和孩子現在在這裡，別人在那裡，我們所在的位置不同，能力也不同，我們不需要比較。也或許我們根本不用和別人前往同一個方向，去同樣的地方！因為閱讀，我們開始有了判斷力。

做孩子的要閱讀，是為了提升認知能力，與世界接軌，打開通往世界的大門。

做父母的一定要閱讀，是為了找到自己的立足點和制高點，像一棵大樹一樣，自己先站穩了，才能讓孩子依靠。

我們都應該閱讀，可能在某個人生感覺快要墜落的當下，常常能接住自己的，不是身旁所想依賴的任何人，而是，一段書上的文字。

多閱讀，至少你不會感受到孤寂，也或許因此受到了啟發，進而同理了孩子，更重新接納了自己。

7.1 請先放過自己，你才能同理孩子

「媽媽妳如果不讓他吃藥，他不能控制自己，這樣不但無法學習，也很容易在學校被別人討厭，他會沒有朋友！」

「妳給他吃什麼藥？！他根本沒有問題，所有的藥都是毒藥，老師才有問題！小題大做了吧！」

「我跟妳說，他需要的只是多運動、多陪伴！妳有沒有花時間在他身上而已啊，妳看看妳這麼忙！」

「唉，我只是好心告訴妳，妳這麼常請假帶小孩去醫院，妳覺得公司裡的人都怎麼想妳？」

這些話語，有些來自孩子的師長、家人、週遭的朋友、我的同事，那些所謂的非主要照顧者。這些話語，有建議、做法、他人主觀的論定，或許也有一點看似善意的經驗提醒。

但是請問一下，如果換成是你，你是這個孩子的父母親，在這些所謂的看法中存活，你有什麼感受？

雖然慢慢地，經過好幾年的消化資訊和調整情緒，我已經找到了對應自己、孩子和他人之道，但是說實話，有時候我還是不禁會陷在一種憤怒的、很怨懟的感受裡。

不想看自己出現在電影角色裡

《小曉》是 2023 年金馬獎獲獎的電影，這部電影最令人津津樂道的，應該是扮演小曉的林品彤上台領取最佳女主角獎時的致詞。林品彤才 12 歲，大家都說她非常有天賦，她的演出展現了超齡的能力，令人印象深刻，也演活了小曉。

電影故事描述小曉是一個五年級患有過動症的女孩，她的不同引發她在團體中與人相處的困境，而小曉的母親因為先生長年在外工作，成為唯一的照顧者，對自己感到無助、對小曉的情況感到無奈、生氣，是一部令人揪心的電影。

一開始我並不想去看《小曉》這部電影，因為年紀漸長，我不再愛看任何我預期會悲傷的電影，即便它是一部金馬佳作。因為我和我的孩子，以及我那長年在外工作的先生，我們的日常就在角色裡，只是情節沒有這麼嚴重而已。

但是最終還是去了，不是為了去欣賞那 12 歲天賦女孩林品彤多會演戲，而是好朋友崇城兄和阿美姊的手把我拉進了戲院。當片中，因為闖禍被暫時勒令停學的小曉，讓媽媽崩潰了，質問她為什麼要這樣對待自己時，小曉說著：「我只是想在家，想要練習可不可以不要吃藥！」

小曉的媽媽聽到後，突然停止了她的歇斯底里，立刻緊緊不捨的抱著小曉。

看到這一幕，我突然覺得胸口好悶⋯⋯

如果可以，誰會想要自己的孩子一直依賴藥物？誰會想要自己的孩子無法做自己？即使，想盡辦法，還是希望餵下藥物，以便於日常的情況能

接受控制。

　　看著電影，我不斷的自問，這整件事、它的解方到底是什麼？就如同日常我對自己的提問。

　　「問題是在媽媽嗎？是孩子嗎？是醫生嗎？ 是教育嗎？是社會嗎？是要用愛嗎？用陪伴嗎？」

　　答案從來不是在吃不吃藥，然後另一個自己憤怒的聲音就從心底出現了：

　　「不要以為我只有給藥，沒有給愛和陪伴！你永遠不會知道最難過的是當我覺得用盡了力氣，他還是沒有改善！感受著他那顆常常在學習路上因他人而受傷的心，我因此也不知所措……」

請先放過自己，才能放過孩子

　　沒有人天生想要當這種角色，一個不被理解的媽媽角色，一個不被理解的孩子角色……原來，電影裡如同現實生活，也是沒有解方的。原來，我們想要的只是多一點點的同理。

　　同理有許多方式，除了用耳朵傾聽外，更重要的是換位思考，它不是坐在原地看對方，而是起身站起來，轉身肩併肩的站在對方的旁邊，從同一個方向，嘗試著去望向對方所看到的世界。經過整理之後，然後再傳遞出對方可以被觸動的訊息。或是如果不知道該傳遞什麼訊息，也可以默默的傳遞衛生紙就好。

　　就如同把我拉進電影院看《小曉》的兩位友人，準備好衛生紙，坐在我的身旁，無聲默默的陪伴，其實這就是一種傳遞「同理心」的方式。

看完了《小曉》，對照自己，我終於明白其實我一直沒有放過自己，所以在同理孩子的過程中，因為我站不起來，無法好好地走到小馬的身旁，和他一起坐下來望向遙遠前方。過去我雖然看起來為他做了許多事，但是內心我還是一直在鞭打自己，硬撐著，因此我過的很辛苦。

　　這本書在延宕一年之後，在 2024 年初，我終於重新開始恢復振筆疾書，我想要謝謝小曉和她的母親，因為她們，我理解了，**與其期待他人同理，自己要先能同理孩子，並且放過身為母親的自己**。

凱西的打氣站

　　我在研習高階芳療的過程，接觸了同理心的練習，幫我們上課的就是臨床心理師黃老師，也因此開啟了我固定會帶小馬去看心理師的緣分。畢竟，不管是面對學校、醫生以及他人，並不會有人願意從自己和孩子的角度出發來先了解狀況。尤其家有特殊兒，在教養上相對有挑戰，我真心建議除了看醫生拿藥，把諮詢心理師，當成協助了解自己與孩子關係的選項之一。

7.2 我們並不一定要勉強逆流而上

「逆流而上」，是華人典型要刻苦才能成功的思維。這一句成語比喻溯水而上、迎著困難前進的意思。小時候我們的父母親常常都會這樣教育著我們，要奮力划行著和河水相反的方向，因為不進則退。

去年，我們經歷的幾次調整藥物期，早上九點又接到老師來電，說小馬進去上課呈現整個沒力但是又很煩燥的狀態，上課出神就算了，會一直喃喃自語發出怪聲，打擾到別的同學都在抱怨告狀，老師說：「媽媽，他早自習的狀況都很差，他說他晚上要翻很久才能睡著，所以早上沒力。」

「嗯，我再注意一下他的睡覺時間。」

的確，這幾天都睡不好，原因很多，睡不好也是吃中樞神經用藥的副作用之一，還有功課太多，晚上九點前都寫不完，另外，我不得不承認，我的工作有時下班太晚接他，也影響到他的作息。

「像這種小孩，從小運動不足，肌肉沒力，就是會有控制的問題。他現在的運動量一定也不足，所以晚上大腦無法自然休息。不然如果真的不行，你讓他早上多睡一個小時，吃完早餐、吃完藥，慢一點，第一堂課再進來，因為早自習來真的沒有用，自己什麼都不能做，又會發出怪聲打擾到別人，這樣又有同學會投訴。」

我掛了電話，心中說不出是什麼滋味，小馬的肌肉低張，的確需要練習，但是也和大腦前額葉皮質的生長有關，這絕對不是故意，我們已經努

力在練習了，一直在追究這一塊並於事無補。

我摸了摸口袋，剛好今天帶了一瓶精油，拿出來聞一聞。嗯，今天帶的是檸檬香桃木，夏天到了，本來要拿來稀釋做防蚊液的，檸檬香桃木精油的化學分子含有大量的檸檬醛，湊近鼻孔有些刺激衝鼻。沒有人喜歡受刺激，它的香氣，會令人所有的感官馬上打開！拿來做防蚊液可以，我可不想把檸檬香桃木噴在身上。

學習過芳香療法的人就知道，檸檬香桃木的醛類，打開感官之後，它能呼應世界卻也深受其害，就如同高感兒的 ADHD 過動孩子，他們無法控制自己對世界的感受，當自己不是一個人的時候，每一時、每一刻、每一條訊息都被放大，所以過動的孩子，他們回應世界的反應也過大。沒有人喜歡反應過大的孩子，就如同沒有人喜歡被刺激的氣味一樣，因而避而遠之，也不想再深入理解。

最後我想了想，算了！就順勢而為、隨遇而安吧！既然老師許可，早上就大方的讓他做個遲到大王。於是我接受這個選項：「晚一點出現，免得被別人討厭！」它聽起來有些刺耳，但是，這就是現實的情勢。

老師，也算是給我們方便，讓他不受正常上學時間的規範，我們也算給大家方便，不要在藥效沒發作前打擾他人，這就是順勢、順流而為。

我知道身邊有一些朋友家長，因為這樣日常的親師溝通，而焦慮痛苦不已，不喜歡自己的孩子不在狀態中，也不喜歡老師表達的方式，覺得被找麻煩，但是再去深層的想一想它的根源，其實我們真正的焦慮，是在意孩子在當下無法達成和群體一致的情況。

有時候我們的想法想要逆流而行，去克服這些困難，但是孩子的狀況

其實正是順流而下，一個對抗想往上拉和一個順著重力往下掉的拉扯，想要去抗衡的困難度更是增長幾百倍，於是有些家長會選擇和醫生溝通加重孩子的藥劑，或是和老師大吵一頓，甚至是命令孩子提早起床不准遲到，做給大家看，他不是做不到！

逆流的想法，是逼著孩子，以及自己去用更激烈的手段，融入這個頻率和他還不一致的群體，去抗爭。

順流的想法，是先疏導他、疏導非必要的行程，以及思考該做些什麼才能幫助穩定孩子的睡眠？或許去減少一些太執著於孩子該做的練習？（像是做不完的功課以及才藝），先睡飽再說。

有 ADHD 的孩子還是需要與人連結，只是我們需要時間、要找到方法而已。如果暫時無法融入，就放寬心，慢慢來吧！有時候孩子還沒準備好，硬要去融入，刺激更大。

因為逆流，並不一定能得到你想要的，那麼，為什麼要竭盡心力的去讓自己和孩子痛苦呢？

7.3 保持溝通，
請老師當孩子在學校的那座山

「我聽說你下課時都一個人坐在位子上畫畫，媽媽問你喔，你開學這幾天，還好嗎？好玩嗎？有沒有不開心的事？」

四年級下學期的家長日，老師擔心的告訴我說，已經四年級了，但是小馬現在還是呈現一個格格不入的狀態，上課時，持續呈現放空狀況，所以我嘗試著探著口風。

小馬的導師，有時看到小馬和同學間相處的困難處，會主動提醒我注意，在這一點上，我很感謝她。別的同學，三三兩兩，下課時至少有伴玩在一起，而小馬不是坐在位置上畫畫，就是一個人跑出去操場，偶而跟資源班的同學在一起走去小班教學的路上有些聊天的交集，或是一下課就衝到隔壁班，找他以前一、二年級同班的同學小凡。

我知道小馬並不是個不喜歡講話和不喜歡交朋友的孩子，相反地，做為家中唯一的小孩，他渴望群體生活。只是在學校的環境，他的心智認知真的較同齡落後，同學不喜歡和話不投機的他溝通，自然開始排擠，他融入上的困難，老師替他擔心，也詢問我回家後有沒有發現他有情緒上的低落。

我認為呢？其實我覺得他某些程度上的確幼稚許多，但是也有他獨特於他人聰慧的部分，只是那不在學校生活的範圍裡，而且也沒有顯現在課業上，但是說不擔心是騙人的。

「不會啊！我覺得好玩！」小馬看起來很平常的回答我。

「真的？那有沒有交新朋友？」

「沒有呀，還是只有小凡。」

「那你下課有出去找他玩嗎？」

「因為小凡有時沒有空呀，而且我喜歡老師啊，我現在的位子坐她旁邊，我陪老師。」

聽到這，我笑了，老師如果知道他這麼回答，應該也會莞爾。

或許，他不是沒感覺到自己被排擠，但是至少他知道在一個孤立無援的環境中，最起碼要找到靠山。在學校班級裡，有靠山、有一雙溫暖的手接著就不怕。

一位好的老師，可以成為支撐著一個孤獨的孩子在學校裡的那座山。

五年級還沒開學前，當知道新分配班導是哪一位時，我主動訊息了新的導師，告知他小馬的狀況，以及他從一到四年級走過的學習歷程，與未來開學我需要老師幫忙注意的部分。

以現在公立學校的狀況，一個導師帶一個班級至少 25～30 人，能夠分配到所有孩子身上的時間和關注有限。我是這樣想的，我們真的不需要考老師，看老師可以觀察到孩子的什麼特質，也更不用迴避老師。在暑假銜接的過程，家長可以先協助，幫忙老師畫重點，所以老師可以更明瞭孩子的狀況，馬上上手協助孩子的開學生活。

畢竟，孩子在家裡父母管，在學校老師管。許多親師生間的事情就是要建立對話管道、做足溝通。良好的溝通，可以幫助老師成為孩子在學校依靠的那座山。

在小馬的世界裡，有可能他還沒準備好和其他的人類交朋友。但是他的身旁，至少有大象、有森林、有好幾座山撐著他，接下來的，就是看他自己，什麼時候可以走出山林了。

我告訴自己，再怎麼擔心，我也不是他。在那之前，我也就繼續當他的大象和森林吧！這是身為母親最起碼可以做到的。

凱西的打氣站

轉個念，即使這個社會不是為我的孩子打造，但是仍有我和老師看見了他的困難，可以支持他，陪他一段。我們能做的不是帶著孩子離群索居，而是在現有的環境中，幫孩子擴大他的同理圈，好好溝通，讓老師，也成為自己和孩子的幫手。

7.4 妳擔心，他只會害怕；妳恐慌，他壓力更大

曉婷是我的朋友，她的孩子小宇比小馬小 4 歲，小馬現在五年級，小宇才上小學。

曉婷覺得小宇有類似小馬的狀況，而且在表達上又略遲緩，再看到我這幾年為了小馬東奔西跑很辛苦，除了醫院外，還要看治療師，也覺得小學裡的親師溝通狀況讓她很緊張，老師一直催促她帶小宇去看醫生，這一點令她非常不舒服。而小宇每天要上學前，也是要磨人很久不肯出門，讓還要趕去上班的她崩潰，每天處於心神不寧的狀況。

「所以我現在到底該做什麼？還有我要怎麼預防？」有一次一起吃中飯，曉婷問我。

「什麼意思？妳想要預防什麼？」

「就是，我覺得小宇現在已經夠我忙了，一個星期我們本來可以運動三次，但是現在只能去兩次，然後也快要沒有時間學英文了，更糟糕的是他的功課根本跟不上，他的期中考國語才 60，數學居然只有 40 幾分。老師說他都沒在聽課，要我帶他去看醫生，我的天啊！我光是看妳這幾年這麼辛苦！我都不敢想像我和小宇的未來會怎麼樣！」

聽到她的擔憂，我真的可以同理，我也很想以過來人的身份，告訴她怎麼做，但是我只能拍拍她。

和許多父母親一樣，為了理解我們面對的是什麼狀況，我讀了上百本相關親子、療癒書籍，為孩子換了四家大醫院和二家復健診所看心智科與早療，接觸過十幾位以上的醫生和治療師，上過專家的親子教養與情緒教練課程，媒體上的知名網紅親子專家我也追了好幾位，我都覺得很多做法很好很有道理，但放在我和我的孩子身上卻不見得適用，或者照做有一段時間了仍看不出成效，投資報酬率極低。

說實在的，我也不喜歡自己的朋友，在聊沒兩句，還搞不清楚前，就馬上以自己個人的成功經驗給予我建議：「妳應該帶她去……」、「妳應該幫她轉學……」、「妳要讓他學這個……」、「他會這樣是因為妳沒有給他機會……」或是乾脆一句：「妳有毛病嗎？我看起來他還好，他其實一點問題都沒有，妳太過多心了！」或是給我網站看，叫我學別人怎麼育兒，這樣非但沒有接住我，反而又再一次質疑了我所有的擔憂與無助。

所以我告訴曉婷：

「我覺得，先不要想這麼多了吧！與其悲觀地預防還不一定會發生的事，不如享受現在妳與他珍貴的親子時光，樂觀一點去等待事情的發展，妳要給他一點時間啊，現在才開學兩個月啊，妳怎麼知道他會不會越來越適應，越來越好？」

如果你也是容易擔心的曉婷，我會建議把心思放在觀察和陪伴自己孩子身上，或者替彼此找一些紓壓管道吧！畢竟，父母還是最懂自己孩子的那一位，應當比別人都能分辨出，什麼是他擅長的，什麼他又不擅長。如果真的需要去看醫生、做評量、看治療師、心理師，及早了解孩子的狀況，也未必不好。有時候或許只是不適應學校，而不是什麼症狀，聽聽專家的建議也可以解除自己的疑慮。甚至也可以明白告訴老師，希望多給孩子一

些時間去適應狀況，請老師體諒。

==花大部分的時間聚焦在孩子和自己比較無力的點上，並沒有幫助。我們有時候會忘記，眼前的孩子正是處在最可愛、最純真的年紀的當下，我們應當用更寬廣的心態去看待孩子的成長。==

就像我喜歡寫作，靠寫作抒發我平日的壓力。但更多的時候是我想要記錄小馬這一去不復返的童年時光，他天真的的童言童語以及稚嫩的一舉一動，讓身為母親的我更了解生命的歷程。有時候我在這段親子關係當中，也看到、回溯了當年的自己與父母，看到了我的父母親為我焦急的模樣，看到他們急著幫我尋找出路，但是卻不見得是我擅長的道路，最後，我更是繞了好遠的一段路。

但是，那些都不是白走的路，我的過去式，至少可以借鏡，為孩子的現在式和未來式避免多繞一些令彼此痛苦的路。

不要以為孩子還小，不懂得父母的想法，家人們之間的能量狀態以及頻率其實是相通的，尤其是從母親子宮裡懷胎十月出來的孩子，父母、子女都連心。

「妳擔心，孩子只會更害怕；妳恐慌，孩子只會壓力更大，好好愛他，那是最棒的滋養。」

這是我和曉婷說的話，也是我持續和我自己的對話，我一定要先穩住，我的小馬才不會害怕。

7.5 勇敢做一個「先給自己戴上氧氣面罩」的父母親

每一次出國，飛機起飛前的逃生影片都教導，遇到亂流或缺氧緊急情況，當機艙的氧氣罩落下，請成人先把自己的氧氣面罩戴好，再幫助身旁的老弱幼童。

我還記得在小馬五歲時的美西旅行曾經發生過一次驚魂記。那一次我們遇到很嚴重的亂流，飛機急速的下降，機艙劇烈搖晃到連氧氣面罩都掉下來了，那一刻，我手忙腳亂的先拿起了氧氣罩幫他戴上，然後才戴上自己的，心中喃喃自語的念著阿彌陀佛，一手緊握著他，另一手緊握著先生，不是我不記得逃生影片的宣導，只是這就是身為母親想要保護孩子的本能。

還好，那只是虛驚一場，我們最後安全的回到了平地上。

「我想請問一下，如果您是父母親，在飛機上遇到失壓缺氧的緊急情況時，還會記得先替自己戴上氧氣面罩，再幫忙孩子的順序嗎？」

面對他人的質疑與批評就像是飛機上的「亂流」

做為一名 ADHD 孩子的母親，我面對了數不清的以下的對話：

「媽媽，妳是不是工作很忙？所以他才會有這些問題？你有沒有帶他去看醫生？」

——孩子的老師

「妳看看，他在白天起床以後可以學習的黃金時段，妳都不在，他快要睡覺了妳才回來，然後妳讓他面對的只是家裡的老人，所以你現在回想一下從他出生到現在的情況，是什麼造成他不會講話的？」

──醫院的治療師

「我覺得他的智力是有的，但是妳沒有給他機會讓他自己做，所以他才無所謂、忘東忘西、沒有責任感、不專心，導致他無法培養能力。」

──我的朋友

「妳到底有沒有花時間在他身上？妳跑出去跳舞一個晚上，看看你兒子吧！他期中考才考17分！有時間自己出去，居然不看自己兒子功課！」

──我的家人

以上的問話都有一個重點，就是似乎「妳（我本人）」是導致小孩顯現出來問題的關鍵人物。雖然，面對這樣的臆測，我的理性告訴我，這些話語只是來亂的，但是我的感性又覺得自己很委屈、很受傷。

父母的負面情緒造成了親子間的「缺氧」

如果你曾經讀過任何一本關於ADHD過動兒的書，我指的是真正由專家或醫生寫的書，你應該知道ADHD的形成並不是源自於家庭或父母的行為，或是「不會教」，它來自於孩子那與眾不同、還沒有準備好面對社會的大腦，與其說它是缺陷，我認為那只是不同。

許多的心理師都強調，ADHD孩童癒後成功的關鍵是與他生命中「最重要他人」的關係品質，這裡指的孩子的「最重要他人」，其實就是父母親，很多時候甚至只有父親或母親一人，所以當這位「最重要他人」必須

獨自面對許多外界對 ADHD 無意或無知的質疑，並長期伴隨著自己的自責、焦慮、失眠等種種壓力折磨，那麼這個家庭所面臨的已經不只是孩子的注意力問題了，而是父母親的情緒議題。

一旦父母親遭受了壓力的折磨，就產生了負面的情緒，如果把負面情緒帶進了親子關係，又如何能保有親子關係間健康的品質呢？負面的親子關係不是形成 ADHD 的起因，但絕對是加劇它症狀更嚴重的施壓器，它把整個家庭都帶入一個面臨缺氧的危機狀態。

先愛自己、才有能力幫助孩子

回頭到文章一開始問的問題，「我想請問一下，如果你是父母，在飛機上遇缺氧的緊急情況時，還會記得先替自己戴上氧氣面罩，再幫忙孩子的順序嗎？」

我相信大部分的各位，在飛機上遇到缺氧狀態時，都和我一樣會是那位忘了先給自己戴氧氣面罩的父母親，因為我們不忍心。

但是根據研究報導，在高空嚴重的缺氧狀態下，很有可能只要 15 秒，就會使一名成人昏迷，這 15 秒可能你連孩子的面罩都還沒戴好或是自己來不及，你不但救不了自己，而年幼的孩子沒有你更不可能在這種情況下拯救自己。

「你如果先放棄自己，你將被迫放棄自己的孩子，先拯救自己並不是自私，而是理解現階段的孩子不能沒有你！」

很多朋友知道我不但喜歡音樂、跳舞，也喜歡芳香療癒等自然療法，而且在高齡生子後還去研習了幾項師資認證，不只做志工，有時在周末，

我也會做一些教學工作坊。

常常有朋友很好奇的問我「工作和帶小孩已經很累了，為什麼你還有精力去上課、去跳舞？」甚至也有人說：「你不覺得這樣不太好嗎？」

答案很簡單，因為做這些使我快樂！

擁有自己的興趣和時間，對我而言，是一種暫時拋下職場與家庭，把注意力先拉回自己的方式，它是一個對自己表達愛的行為。讓我把自己放在第一順位，這並不是自私，而是只有我強大了，才更有能力照顧我的孩子。

勇敢的做一位先給自己戴上氧氣面罩的父母親，從關照自己的內在出發，撐住那關鍵性的 15 秒，大口呼吸先活下來，我們才能從容的幫孩子戴上他的氧氣面罩，親子一起平安的度過人生中的許多關卡與危機。

因為愛自己，所以我們才有更多力量陪伴孩子。

延伸閱讀與探索

1. 想想看，你有沒有什麼可以大膽表達愛自己的方式呢？如果還沒有，那麼花點時間與自己對話，想到了就趕緊行動去做吧！
2. 推薦閱讀《當了媽媽，更要練習做自己》，作者劉淑慧，淑慧有一位特殊的孩子，她的文章，也給了我極大的啟發，告訴我人生不該只剩下母親這個角色。

7.6 我們,都是孩子的引導師

「媽咪,請問妳常說我和別人不一樣,是怎麼不一樣?是比較慢嗎?」

「哦～是你的頭腦裡面長的不一樣,很特別,怎麼突然這麼問?有什麼事嗎?」

「因為我在學校看了一部電影,我很感動,那個小男孩,他叫伊翔,他在學校讀書,數字是他的敵人,都會亂飛,他有那個 ADHD 的下一代,那個⋯⋯喔對!他有讀書障礙啦!他爸爸讓他轉了好多學校,有一次他在學校接到他媽媽電話,他很生氣,在操場一直跑一直跑停不下來⋯⋯,老師為了他想了很多辦法,最後他變好了,很厲害。」

中年級有一晚睡前,小馬和我分享了一部他在學校看了很感動的電影,但是片名他忘了,只知道是國外的電影,是小馬的班導在綜合課放給他們看的。

很難得聽到平常忘東忘西的他,還可以在當晚記得,幾乎是描述了一整部電影的劇情,於是我傳訊給老師,詢問片名。

原來它叫做《心中的小星星》,這是一部 2007 年的印度獲獎電影,描述一位有「學習障礙」的小男孩伊翔的成長故事。伊翔因為無法閱讀、也寫不出字、在教室常常呈現出神放空狀態,常受到老師責罵和同學取笑。

伊翔的父親不理解他、也無法接受自己孩子常被別人說成白痴，他選擇把伊翔送到寄宿學校，讓學校管教。伊翔被迫離開家庭，還有離開他最喜歡的媽媽和哥哥，像是切斷了伊翔唯一的依靠，他有著深深的被離棄感，找不到自己存在的價值，更加深了他在情緒表達上的失控以及學習挫敗。

　　所幸，伊翔遇見一位新來的美術老師，發現了他在繪畫上的天賦，並察覺到他在學習上的掙扎和困難，但是也發現了伊翔是一個有想像力和創造力的孩子。

　　在老師的陪伴和引導之下，伊翔慢慢地打開了他的心房，而老師也幾度拜訪他的家庭，重新說服伊翔的父親認識了自己的孩子，讓他知道，伊翔其實是一個特別的、有天賦的孩子。伊翔最終重新找回自我的價值，並且有機會參加繪畫比賽，更在其中看到了自己的傑出與不一樣。

　　這是一部很有愛，也探索教育本質的電影。

　　「真是可愛的小馬，居然回家還發表感想。這部電影很適合他們看，我花了不少時間解說，讓他們在電影中尋找屬於自己的部分。」老師這樣告訴我。

　　看到老師回傳的訊息，我也很感動，這不就是教育的意義嗎？不光是死讀書，而是從不同的教材中，藉由別人的故事，來啟發孩子點亮心中的那顆小星星。

　　我摸了摸小馬的頭，看見他還沒完全睡著，於是問他：

　　「你為什麼會被這個電影感動呀？」

「因為，我覺得我好像伊翔，我也不一樣，但是他最後成功了，我替他高興。」

「哦寶貝，對的，你不一樣，但不代表你不聰明，你是獨特的，和伊翔一樣。而且你的生命中一直有人和你一起努力著，他們是誰呀？」

「他們是⋯⋯妳呀！爸爸啊！還有我啊！我們一起努力！」小馬眼睛眨了眨，看著我，笑了。

在黑暗中，我望著躺在床上的小馬，他的眼睛，像顆閃耀的星星，我的眼眶卻不禁濕潤了⋯

我想不管是伊翔、或是小馬、這個世界上的每一個孩子，都是來自外太空的小星星。他們都是天資獨特的，帶了一樣別人所沒有的魔法投胎來到這個世界，被埋在地球表面的某一個角落。

小星星們一直默默地等待一個懂他的引導師，在落地後尋找到他，重新用魔法棒點亮自己體內那顆光的種子，讓他再度施展獨特的魔法，重新成為一顆閃耀的小星星。

我們，就是孩子的引導師。愛我們的孩子，就是看見他所有與生俱來的魔力，並且在他忘記、或是沒有自信時，提醒他想起來。

用我們的光去激活另一顆來自天空的小星星，那應當是做為父母的星種，此生在地球最重要的使命。

PART 8

培養親子自癒力，
十個讓親情加溫的魔法儀式

不要不相信，每一位父母都可以是一個魔法師，能夠點石成金！

8.0 用魔法創意安撫彼此的心

「媽媽,我們來坐呼吸升降梯吧!」

「媽媽,我要吹一個白光泡泡!」

有時候當小馬晚上睡不著、心很亂的時候,他會這樣對我說。哈哈,這樣的對話內容,連他的爸爸都聽不懂我們到底在說什麼!因為他說的是我們母子彼此之間的祕密暗語,屬於我們倆獨有的魔法儀式。

在親子相處的時光中,我替小馬創造了一些生活中的魔法儀式。有替他加油的、令他心安的、晚上好睡的、有利專注的。每天有了這些儀式,他會特別期待某些時刻的到來。

創作這些魔法儀式的初心不是為了綁住孩子,而是讓他知道,當他需要支持的時候,運用這些親子間的小儀式,就能稍微安撫自己的內心,這是一股接住自己的力量,一個家的記憶。

這些魔法儀式,也像一個專屬於我和他之間的療癒密碼,我們親子的自癒力。我也相信,不限於我在後面章節中所發表的十個儀式,每一位父母親和孩子們,都可以創作出屬於你們獨一無二的親子魔法遊戲,擁有你們專屬的療癒密碼。

我們雖然不是 JK 羅琳,可以創作出《哈利波特》那樣憾動全世界人心的作品,但是我們每個人都擁有自己獨特的魔力,可以成為孩子的魔法引導師。

8.1 儀式一：為雙腳添加能量

「媽媽，我起不來！我要再睡十分鐘。」

「媽媽，你幫我的腳充充電，我沒力氣上學啦！」

這樣來自小馬的要求，常常發生在週一、長假過後，或是雨天和冬天早上，你家也常常聽到嗎？

過動兒相較於其他孩子更容易有晚上不容易入睡，或是因藥物影響睡不好的情況，因此早上也格外不容易準時起床。如果早上精神沒有提振，其實一整天的學習就會很吃力，和同學的互動也常常有狀況。因此，我設計了這個幫助孩子從「不願意」到「願意」起床的儀式，它對生理和心理都有加持的效果喔。

進行為雙腳添加能量儀式

1. **初階版**

    早晨孩子起床前，幫他在左右足底的足心前 1/3 中間的「湧泉穴」，用大拇指或手指關節各稍微按摩每隻腳 2～3 分鐘，再握拳稍作拍打、順便拉拉每根腳趾頭。湧泉穴是中醫經絡裡足少陰腎經的首穴。經過一整晚的睡眠，可能姿勢不良，身體的血液相對處於比較不流通狀態，按摩湧泉穴可以幫助全身的血液循環，可以達到一個「喚醒」身體的目的。

2. **進階版**

    雨天或冬天，在按摩前使用熱敷包（市面上有許多可以使用微波爐加

熱 1～2 分鐘的紅豆袋或米袋填充的熱敷包），嫌太麻煩也可以用熱毛巾，包覆著孩子的雙腳約五分鐘，再按摩，可以更加速氣血的循環與指壓的效果。

3. 高級版

如果家中有使用精油和運用芳香療法的習慣，早晨也可以在植物油中加入「玫瑰草」或是「穗甘松」的精油，以植物油調成 2～3% 稀釋的按摩油來按壓腳底。這兩支精油對足部都有很好的接地氣和穩固雙腳的力量，而玫瑰草更是一隻便宜、多方面用途，又四季都可以用的精油。

魔法的力量

在按摩孩子雙腳的時候，也別忘了同時告訴他：「媽媽（或爸爸）正在幫你的雙腳添加能量了，你聽到了嗎？我正在充電中『滋～～』，你馬上就充飽了，哇～你會滿血回歸，上課會精神飽滿喔！」

許多人都以為要打起精神，就只能按摩頭部保持醒腦（也可以），但是對過動症的孩子或任何孩子，身體和心能夠「扎根」穩穩地的站在地上，開展一整天才是最重要的，所以心神不至於太空浮。

這就是一個生理上的儀式，搭配著類似電玩裡幫武器擴能、或是幫電車充電的心理喊話。

不要小看精神喊話的重要性，這句話包含著我（父母親）支持著你（孩子）的意義，而我（父母親），正操作著這個添加能量的魔法儀式，把它當成禮物用我的雙手送給你（孩子）了。

試試看，運用撫觸加上魔法喊話，在孩子身體和心理的感受上，真的會覺得力量倍增喔！

8.2 儀式二：出門前的配備地圖

家裡的孩子出門了老是忘東忘西？開學後鉛筆和橡皮擦老是買了一打又一打卻仍然不見？回家後功課、聯絡簿不僅沒帶回來，連老師交代要做什麼作業都不記得？

過動兒或是注意力不集中的孩子，有明顯的工作記憶薄弱的現象。五年級開學前一天，我請小馬依老師規定畫出來要帶的物品，然後貼在櫃子上方便記憶和早上檢查。這張圖會維持一陣子，依每天要上課的功能性可能不同。

出門前的配備地圖

1. 準備材料
    一張八開圖畫紙、彩色筆或簽字筆

2. 進行步驟
    ❶ 前一晚和孩子討論隔天活動的必備物品。
    ❷ 將其分類。例如：如果是日常，可能有「文具」、「作業」、「民生」三大類，如果是郊遊，就會增加備品。

3. 請孩子在圖畫紙上依分類畫出這些物品，他可以分區塊，或是可以用關聯線，或是可以用標題，五年級時孩子會學心智圖，也可以用心智圖的方式自己開展。

4. 請他自己回想為什麼有些物品需要、有些物品不需要？或是檢查遺漏了什麼。

5. 他可能會想帶玩具，再次和他討論玩具的必要性，以及為什麼不能帶。

6. 全部畫完後，請他自己依圖畫內容放到書包和袋子。

7. 將圖畫紙貼在牆上，方便隔日早上吃早餐時可以檢查。

8. 出門前，請他再次望向這幅圖畫後，閉上眼睛回想，在腦海裡掃描一遍它們的分布，最後告訴自己：「我都帶了，配備齊全，出發！」

魔法的力量

1. 利用畫圖的方式增加趣味性,可以自己設計。
2. 思考如何打包分類、畫關聯性,也可增加大腦突觸與神經的發展。
3. 自己畫、自己打包、自己檢查增加責任感。
4. 用圖像的方式形成大腦中的記憶地圖。
5. 自己閉上眼睛再想像一次,增強短期記憶,也利於回家時知道什麼物品帶出去,又要帶回。
6. 喊話「我都帶了,配備齊全,出發!」,增加出門前心理安全感。

你可能會覺得,從小就讓孩子自己收書包養成習慣就好,幹嘛這麼麻煩?但是你或許無法理解,過動兒的習慣建立較正常孩童困難一百倍以上,因為他們的衝動性會直接忽略所有的習慣。於是利用這樣視覺化的打包意象,請他用手、眼睛幫自己做記憶的工作,其實這就只是大人們的打包或工作清單。對正常人來說,我們也可以用想的,不用寫下來就可以輕易地收好任何包包,但是對於中低年級或是有 ADHD 注意力不足過動症的孩子,我們必須建立他們的步驟性。

當然,什麼都父母做最快,可是也失去了讓孩子自己來的學習機會。設計魔法的初心,並不是它真的有什麼魔法,而是也鼓勵大家用玩樂的心態,陪著孩子渡過開學的挑戰期。

小孩出門「老是忘東忘西」?或許可以試試像這樣,把它遊戲化,鼓勵孩子參與的小儀式喔!

儀式三：大腦的五個抽屜

「可以不要吃藥嗎？會傷身體吧！你有試過其他方法嗎？」自從不得不讓孩子服用專注力處方藥物之後，最常聽到這一類問題。

我的觀念也是從固執慢慢轉化的，我開始接受孩子的成長是動態的、是可改變的，現在需要服藥，不代表未來需要。我們仍然可以做除了服藥之外的各種嘗試與輔助去幫助孩子，不管是自然療法或是行為訓練，都可以並行。

在一次帶小馬參加一個全天的活動前，我們突然想到出門時忘了服藥。為了安定他的狀態，我和小馬在進入會場前一起變出來這個小魔法，幫助他把大腦裡亂跳的抽屜歸位。

把大腦的抽屜歸位

首先我們把大腦想成一個書櫃，裡面有抽屜，裝著自己在意的東西。我先請小馬回想身上有哪些重要的、卻不聽話、容易發散會發呆飄走的身體部位。因為，他最無法控制自己的身體。

最後，我們決定了他的大腦應該有五個抽屜（也可以有六個、七個⋯但是超過一個手指可以數的，再多就真的記不住了）。就像是收書包一樣，每天要把上學要用的重要部位與工作記憶放進行動書包。

這個儀式的目的就是英文所謂的「Put yourself together.」意即，振作起來！不管有沒有藥物輔助，我們都要有意識的控制自己。

1. 儀式步驟

❶ 身體立正站直，先深呼吸以利專注，想像自己的大腦有五個抽屜。

❷ 接著，嘴巴依序唸出每一個抽屜的名稱，然後配合伸出手來，想像自己的手是挖土機的怪手。例如：唸到「專心」，就用怪手假裝把身體上的心「提取出來放在額頭」，唸到「管好嘴巴」，就用怪手假裝把「嘴巴」放進額頭，以此類推。為什麼把手放前額頭？因為大腦前額葉皮質是控制專注力的地方。

❸ 五個抽屜放完，就自己告訴自己：「All set！」意即，一切就緒！

2. 小馬的五個抽屜

❶ 心

這就是心臟的心，也可以是專心的心，心有個特別的小名，我們故意叫它「小小馬」，表示它比小馬在年齡上還小一些，是可以被管理的，不專心的時候是因為小小馬出來搗亂導致分心。

❷ 嘴巴

小馬的過動顯狀常常是無法控制他的嘴巴，會一直無意識重複講別人的話，要學習有意識地管好嘴巴。

❸ 眼睛

與人溝通時，發散空洞的眼神顯示出對眼前事物的分心與不在意。不僅不利於閱讀，無法聚焦，無法好好考試，有時候走在馬路上沒有注意自己的方向，會有危險性。

❹ 耳朵

俗謂「眼觀四方、耳聽八方」是稱讚一種能力，但過動兒的困難

是，耳朵洞開的聽了太多的雜訊無法篩選。以至於即使眼前有人在說話，卻無法好好傾聽或是一直插嘴。

❺ 別忘了帶學校的課本和簿本
其實這應該是當天唯一最重要的工作記憶，這個抽屜，也可以延伸成，別忘了帶鉛筆盒、別忘了帶水壺、別忘了帶外套等等。

8.3 儀式三：大腦的五個抽屜

魔法的力量

你會好奇，抽屜魔法真的有力量嗎？

1. 我不是醫生，無法具體的告訴你它的用處在哪。但是我相信手的姿勢是大腦意志的延伸，自古以來人類最先開始使用的是非語言（肢體）的溝通，而我們也常不自覺地使用手勢來表達我們對事情的看法。
2. 讓孩子自己積極的用腦去回想當日抽屜裡該裝的內容、用嘴巴說出、再佐以手勢放進大腦抽屜裡，可以加深短期工作記憶的印象，它算是引導孩子進行自我控制的行為提醒。
3. 每一位父母親和孩子都可以自行討論需要的抽屜，也可以不要用「怪手」來提取，會用怪手只是因為小馬喜歡推土機，也可以使用更有創意的形容詞。

過動兒不管有沒有服藥，家庭給予思想及行為上的引導更為重要，你可以自行發明和嘗試各樣的行為提醒。如果有疑問，也可以看治療師、閱讀、甚至去學習一些幫助孩子提升專注力的課程，都會比糾結在吃不吃藥這件事上好。

8.4 儀式四：簡單的深呼吸靜心

根據研究顯示，平均有 40% 的過動症孩童有睡眠困擾，而有在服用 ADHD 藥物的孩子，藥品本身也可能有副作用造成孩童的睡眠品質不佳。

不管孩子或是成人，只要晚上不能好好睡覺總是令人煩惱，尤其這影響到孩子的生長激素，也不利於白天的學習。不管成因為何，我還是建議先從正常的生活作息上調整，而在入睡前，我覺得最簡單和馬上能平撫焦躁、有利入睡的方法，就是好好的深呼吸，讓自己靜下來。

深呼吸靜心儀式

孩子並不會自己有意識的深呼吸，所以需要大人帶領，引導式的說出來：

1. **準備材料**

如果手邊有可以幫助平靜的精油，像是薰衣草、或是苦橙葉、佛手柑等，可以先滴一、二滴在掌心，搓揉它，打開手掌讓孩子嗅吸，有助靜心的開始。如果沒有精油，也不一定要納入嗅覺的元素。

2. **進行步驟**

❶ 孩子可以是或盤腿坐或躺在床上，如果要用盤腿坐的，背脊要挺直，如果是睡前，建議可以直接躺著。

❷ 用穩定的語速和輕柔的聲音，引導著：

「把你的手掌打開放在臉前面，用你的嘴巴朝向它吐氣。慢慢地吐，注意空氣觸碰到你的手心的感覺，是不是感受到溫溫的？」

「好，暫停，我們用鼻子吸氣，這時候把眉心鬆開，想的念頭都放開，深吸長長的一口氣，再慢慢地往手掌心吐氣，感覺手心很溫暖，並且肩膀放鬆。」

「好，暫停，我們再用鼻子吸氣，鬆開眉心和念頭，慢慢地吸、覺得吸飽整個胸部，拉長一些1、2、3、4，好，再慢慢地用嘴巴吐出來，長長地、緩緩的吐，把氣吐到手心1、2、3、4，再次將肩膀放鬆。」

「好，暫停，我們再用鼻子吸氣，這次要感覺氣經過胸部到了腹部，好像肚子被氣球撐起來1、2、3、4，現在把雙手壓肚子，吐氣，把不好的、發抖的感覺通通吐出來1、2、3、4。接著把手掌打開，垂放下來鬆開在身體的兩側，感覺到自己的手和肩膀都很放鬆，肚子扁扁的。」

就這樣不厭其煩的陪伴著引導深呼吸，至少五分鐘，直到他的呼吸沈穩下來，讓孩子自己重複這個頻率，慢慢地可以感受到他身體真的放鬆了，其實通常，也就沈沈睡去了。

以上的環節，請用適合自己孩子的年齡與聽的懂的話語進行。

魔法的力量

每一次的呼吸，其實就是能量的吸收與釋放，把新的能量吸進去，把不好的換出來。深呼吸靜心看起來簡單，但是我們其實很少有意識有品質的給予自己這個好好轉換能量的時間。如果能用合適的香氣輔助，更能透過我們的嗅覺影響神經系統，達到壓力的釋放。

有時候孩子晚上睡不著，除了可能是太過亢奮外，也可能是身體感知表現出隱藏在幕後的壓力，無法自己排解。

有空試試吧，不只是引導孩子，自己引導自己好好深呼吸也很有幫助呢！

8.4 儀式四：簡單的深呼吸靜心

8.5 儀式五：呼吸升降梯

延續前面 8.4 的章節，好好深呼吸可以做不同的冥想，這個儀式也是一個可以讓親子「秒昏睡」的魔法。

呼吸升降梯

儀式步驟

1. 讓孩子躺在床上仰臥，手臂自然放鬆兩側，雙腳伸直。

2. 引導孩子眼睛閉上，做三次深呼吸，請孩子自己想像自己身體的中樞通道（從腳往上沿著脊椎到頭頂），像一個大樓的電梯通道。

3. 引導孩子專注在自己的鼻尖，想像自己搭進了一座從鼻尖進入的的透明電梯，電梯緩緩順著鼻腔上升。

4. 持續的引導孩子做深呼吸，請他把自己呼吸的意念注入到那個電梯中。

5. 電梯升到了眉心，請把念頭、皺的眉頭鬆開。
電梯再往上升到頭頂，感覺到頭頂鬆開，於是把電梯推到頭頂之上，可以引導他，想像自己站在一個城市的至高點，或是地球之上。這時候可以問他看到了什麼？可以有任何答案。

6. 欣賞完世界的風景，坐著電梯下降。請孩子覺察電梯從眉心往下沉，通過了自己的喉嚨、到了肩膀，逐部往下，每到一個部位，都慢慢把附近的肌肉或是想像著把身體部位內的細胞鬆開。

7. 經過胸部、心臟時，可以問他：「今天有沒有什麼不開心的事？可以說出來，把它放進電梯裡帶走。」經過胃部時，可以問：「有沒有什麼不能消化的？肚子脹脹的？或是緊張的感受？把它丟出來。」這樣問有助於讓他覺察自己情緒和身體的狀態，讓孩子也可以關注自己的感受並學會放鬆。

8. 再持續順著大腿往下，讓身體跟著電梯所到之處鬆開，直到腳趾，伸展一下腳趾。

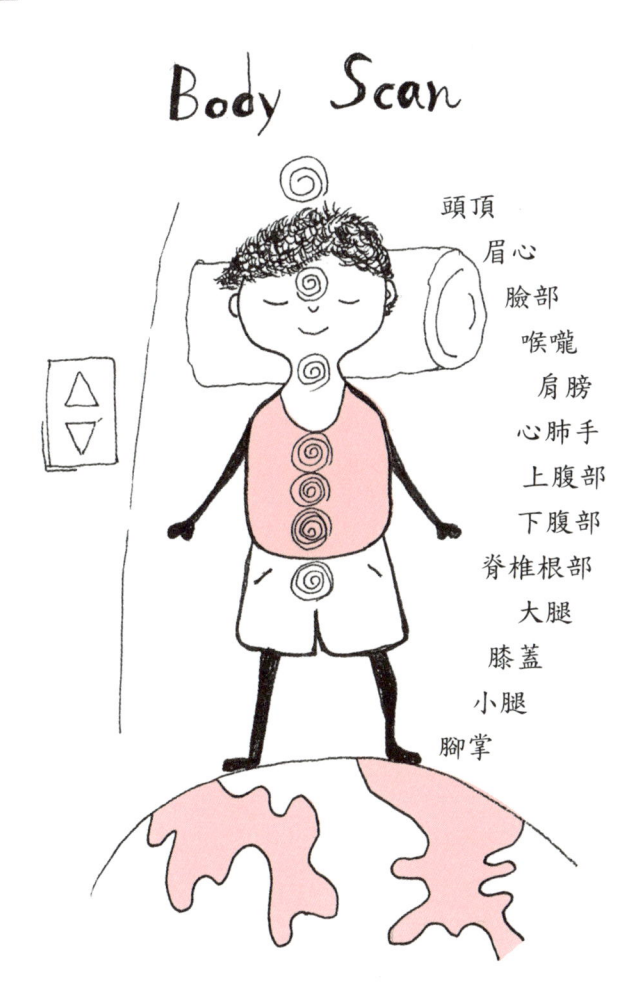

Body Scan

頭頂
眉心
臉部
喉嚨
肩膀
心肺手
上腹部
下腹部
脊椎根部
大腿
膝蓋
小腿
腳掌

8.5 儀式五：呼吸升降梯

9. 最後深呼吸三次，請孩子感受到自己腿部腳掌的重量，慢慢地，請他準備把升降梯穿過腳底板極速往地心送去。

這時，引導的父母可以和孩子一起唸；

「咻～請把不要的東西送給地心！讓地心中間的火球把他們融化吧！」

以上，請依自己孩子年齡與聽的懂的語詞讀出操作。

魔法的力量

1. 請孩子有意識的讓身體逐部位放鬆，用呼吸把「好好照顧自己」的意圖，經由細胞傳遞從頭到腳。在國外的身心引導，也很流行這種「身體掃描」、「電梯呼吸法」，或是古印度的阿育吠陀有所謂的「脈輪呼吸法」。

2. 通常把升降梯射出去地心後，會覺得全身，尤其是小腿好像變得輕盈了，不到三分鐘，人也平靜入睡了。

有時候設計一些小魔法，我用的是大人的腦袋去思考。但是小孩往往在每一個步驟會創造自己的寓意。例如：小馬把地心擬人化了，他覺得地心是一隻長的不太可怕的火球怪獸，每天晚上都很飢餓，專門張大嘴巴，等著小馬睡前去餵他。所以，當他把自己心中、腹部的垃圾清除，那些不要的東西也去處，利己利它，很有趣。

「呼吸升降梯」這個魔法，也是小馬在無法入睡時，很喜歡的儀式。可見這對小孩來說，是很舒服的練習。不只如此，對我們每一個大人也很管用哦！

儀式六：吹個白光泡泡吧

　　上學時，我喜歡讓孩子選擇他想帶著陪伴自己身邊的香氣，嗅吸它，這會有一種心安的感覺。有時候在教室裡如果覺得被雜訊干擾，無法專注，自己也可以拿出自己隨身攜帶的薰香棒，或是薰香項鍊隨時聞一下。

　　我最常帶孩子在白天做的冥想是「白光泡泡」儀式，但不拘限於白天，晚上、睡前有需要時都可以。只要自己覺得煩亂、憤怒、委屈、恐懼、或不平靜時，需要有一個空間靜一靜時，都可以施行這個方法。

吹個白光泡泡吧

1. 儀式步驟：

    ❶ 孩子可以嗅聞自己的香氣，想像著自己的嘴巴順著香氣吹出了一個大泡泡，它有著白色的光芒。如果身邊沒有香氣，也可以用雙手從頭頂往雙側畫一個大圓。

    ❷ 想像讓自己坐在泡泡中的白光中，被它包圍、與世隔絕，把外面所有一切不喜歡的人事物、負面的感受、害怕的場景隔絕在泡泡外。

    ❸ 想像著純淨的白光照亮了自己不舒服的地方或是感受，再告訴自己：「我是隔絕的、我是平靜的、我是安全的。」

    ❹ 如果孩子想要替泡泡換顏色，不管是黃色、綠色、彩虹色都是可以的。

2. 儀式材料：

❶ 精油項鍊或是薰香石、薰香棒。冥想其實並不一定需要精油香氣，但是如果香氣有助於引導孩子，可以試試。

❷ 小馬自己選了檸檬的香氣，只要孩子喜歡，購買的來源是天然的，並且諮詢過芳療師使用方式，不要直接給孩子純精油，把稀釋過的精油做成滾珠棒，或是出門前滴入配戴薰香項鍊都很好。

魔法的力量

1. 從上個深呼吸靜心延伸，類似的冥想方法，只是比較具體的想像自己可以創造一個空間，有助於幫助孩子沈靜下來，在不喜歡的環境中仍保有自己的領域，為自己設下一個保護空間的結界。

2. 白光也代表著所有光能量的匯集，具有淨化和聖潔療癒的力量。就像是如果你信仰什麼神祉，冥冥中保佑著你，因你的信所以祂就存在，也可以把光當成你所信仰的神性力量。

有些朋友覺得，冥想這件事是不是太故作姿態了？笑稱自己沒有靈性、沒有慧根所以無法領悟這樣做有什麼好處，更何況是小孩子？其實這和有沒有靈性無關，大部分冥想的步驟，都只是想藉由好好呼吸讓人進入一個心流的狀態，保持著專注、定心與緩解焦慮，如果孩子可以藉由音樂、運動、畫畫等等，也進入這樣的狀態，也很棒。只是現在教的方式，是立即的、沒有門檻的、孩子隨時可以自己開展的。

在團體生活中，常常也是有令人不舒適的狀態。讓孩子懂得適時為自己和他人畫一道界線，有個方法幫助自己平靜下來，調整好自己，再回到軌道中學習，這也是需要練習的。

儀式七：大吼大叫紓壓法

有一次帶領一個平均年齡 60 歲的團體去巴西的伊瓜蘇瀑布坐泛舟遊艇，中間有一個橋段是遊艇在數個大小瀑布中穿梭著，過程中不僅大家全身被淋濕透、再加上水勢湍急、船體搖晃驚險刺激，就好像坐迪士尼 Splash 的設施一樣。我還記得當時從頭到尾全船的尖叫聲此起彼落、還夾雜著許多人虛壯聲勢的故意大吼聲。一回到岸上，喉嚨啞了，但我突然覺得心情好放鬆，有一種奇妙的平靜感受，好像身體裡有什麼卡住的東西清空了。

坐我隔壁的阿叔也看著我說：「大吼大叫的，真抒壓呀！」我跟著點點頭。

是的，不管是銀髮族、中年人、青年人或是孩子都可以大吼大叫，都需要一個抒壓的管道。有時候我們感覺到孩子太好動、怎麼講話講不聽、或是不肯配合進行某些活動、無法專注，其實這些現象之下，許多時候都隱藏著無法排解、或是說不出口的壓力。下面這個儀式其實是一個遊戲，可以幫助釋放壓力。

大吼大叫釋放壓力小遊戲

1. 遊戲成員：

至少兩人以上。可以家中的兄弟姊妹一起玩，同學一起玩，如果只有一個孩子就是爸爸或媽媽陪孩子玩。

2. 準備道具：

   ❶ 一個計時器。

   ❷ 兩張已經有主題圖案的8開圖畫紙，例如，上面已經畫了一個城堡，或是一個動物、任何圖案。

   ❸ 有不同顏色的色紙數張，先剪好成 5×5cm 的小方塊

3. 遊戲任務：

   兩個人比賽，用手將色紙揉成球狀，讓它成為一坨一坨的，然後把它依照圖形黏在圖案上，看誰先完成。

4. 遊戲規則：

   ❶ 家長幫忙計時，遊戲一個段落一組是「一分鐘大吼大叫，配上五分鐘揉紙做勞作」，總共做三次。

   ❷ 一開始以一分鐘為單位，家長喊：「準備大叫，開始！」開放孩子隨意大吼大叫或跳，一分鐘時間到，家長喊：「停止！」孩子就必須停止所有的動作和聲音。

   ❸ 然後以五分鐘為單位，家長喊：「準備揉紙，開始！」讓他們開始先揉紙，再把揉好的紙團做貼畫勞作，期間兩個人不可以講話，揉越多貼越多越好。五分鐘時間一到，家長再喊：「停止！」

   ❹ 同樣的步驟進行三次，所以共做了 3 分鐘大吼大叫，和 15 分鐘的揉紙勞作，加上看手錶計時接近 20 分鐘。

   ❺ 最後，開放延長 5 分鐘，請孩子把未完成的勞作檢查哪裡還要揉紙補貼的，這期間可以講話聊天。勞作沒有完成沒關係，整個遊戲長度約 25 分鐘，然後依每個人最後的進度給予貼紙等小獎品。

8.7 儀式七：大吼大叫紓壓法

魔法的力量

　　這一個遊戲的靈感，其實來自小馬的職能早療師，她說早療時間一個課程通常只有 25 分鐘，請三位上課的孩子進去圍著小桌子，馬上開始做精細動作訓練，對於有統合問題以及專注力缺失的孩子很有困難度。幾乎大家還沒有進入狀況，吵吵鬧鬧的 15～20 分鐘就過了，就快下課了。於是她進行了這個大吼大叫，讓孩子們先釋放壓力，靜下來後再進入專注的狀態，而我只是加以改編在家中可以玩的遊戲。

1. 讓無法定下來、愛亂聊天的孩子先「Get Things Out!」，利用大叫把自己掏空釋放了，然後下一個五分鐘通常會無比專注而且快速的在揉紙，因為也叫累了，而且大家認為這是一個競賽。

2. 揉紙本身也是一種小肌肉的練習。

3. 在動態發散模式和半靜態的專注模式的反覆切換中，也會訓練孩子的大腦這種立即需要進入集中精神的情況。

　　奇妙的是，常常最後延長的五分鐘，規則裡孩子是可以講話聊天的，但是他們往往卻可以延續這份專注一直到把作品完成或是下課為止。

　　有時候我會置換遊戲內容，或者縮短時間，把揉紙改成其他的勞作像是畫畫，甚至也可以是放著音樂跳舞就跟著大吼大叫，以及火車接龍等等。我覺得它的概念和許多禪修以及奧修大師所推廣的靜心概念是一樣的，都是利用先清空腦袋的方式讓人最後能夠心無旁鶩的躍入靜心，而達到專注平靜或是放鬆與抒壓休息。

　　有空你也可以和孩子一起嘗試看看喔！每周一次 25 分鐘，短短的時間，應該不難可以從看電視的時間中節省出來。

8.7 儀式七：大吼大叫紓壓法

儀式八：呼喚大樹爺爺溝通法

有一次去日本奈良京都附近的山上旅遊，發現在日本的許多地方仍維持著用檜木造房屋的傳統。有些家庭因為一生只有能力建造一棟和式住宅，因此在選定造屋木材的大樹後，父母親會帶著孩子參與動工儀式，除了拜土地神外，也會把大樹包上了祈禱的圍布，教導孩子感謝樹神成為自己的全家御守，尤其是保佑孩子平安長大。

這讓我想起小時候家裡院子裡有一棵芒果樹，從我出生起就一直看著它，並且也吃著它供應的芒果。孩子們會在樹下盪鞦韆，在我的心中它就像一個穩固堅定的靠山一樣。沒想到六歲時一次的颱風把芒果樹吹歪了，部分的根露出了泥土，再有一次放學回家，發現芒果樹被砍、而且移走了，因為怕樹倒塌危險。那彷彿在我幼小無憂的記憶中，第一次有一種失去和不安的感覺。

我總是告訴小馬，找到一棵樹，就像是找到一位神仙、一位正在等候你的朋友，或是，他就是大雄的小叮噹，最無私的支持者。所以，每次去旅行，如果遇到一棵超大的樹，我們會一起進行抱抱樹的活動。

在一次因為小馬不懂事踢了大樹的行為之後（文章見 p108：3.2 會溝通的大樹爺爺），我設計了一個教他和大樹和好的儀式。

呼喚大樹爺爺溝通法

儀式步驟

1. 與孩子在戶外，像是公園、森林、以及登山道，會請他注意附近有沒有大樹，找一棵孩子喜歡的大樹。

2. 先請孩子用眼睛好好觀察大樹的長相，然後和父母分享他觀察到樹的模樣，像是樹的顏色、形狀或是它表面的質地。

3. 鼓勵孩子把身體靠近大樹，先和樹爺爺說聲哈囉，如果可以請雙手環抱著樹，手指撫摸著樹皮、樹葉，把耳朵和頭靠在樹幹上，引導著孩子把呼吸放慢，感覺著自己的呼吸好像和心跳一致，讓身體也好像成為這棵樹的一部份。

4. 引導孩子聽聽看，樹中間，有沒有水分流動的聲音，或是感覺著樹爺爺的皮膚在呼吸。

5. 請孩子告訴樹爺爺，他自己的名字，以及想要分享的話，或是有沒有想要拜託樹爺爺傳遞的訊息、給誰。樹是很好的聽眾，儘量鼓勵孩子運用一些想像力，也可以單純的只是祈求保佑。

6. 如果身邊有水瓶，可以把水瓶或水杯拿出來，替樹爺爺淋一杯水在樹根上。引導孩子想像著他的訊息已經像這杯水一樣慢慢地透過了樹根流到了地底下的土壤，延伸到很深很遠的地方。

7. 把水送給樹，寓意取之於自然、用之於自然。這就像是感恩樹、大地、以及送給泥土裡滋養樹根的微生物，或是更深遠的，曾經在這裡化為塵土的植物、動物、以及祖先們。

276　**Part 8** 培養親子自癒力，十個讓親情加溫的魔法儀式

8. 當然，年紀小的孩子可能會害怕，可以鼓勵他告訴樹爺爺一個他的小祕密好了，單純的只是分享。如果什麼都不想說，也沒有關係，因為光是聞到樹木的氣味，以及靠著它，就會有令人平靜的感受。

9. 最後，謝謝樹爺爺今天的相遇。可以告訴孩子，樹爺爺也會記得每一次與每一位孩子的相遇，並且守護孩子平安長大。

魔法的力量

1. 現在的生活環境，大部分的孩子已經失去了我們曾經都有過的兒時日常。有意識的帶孩子親近自然，保有孩子與自然的連結，可以避免得自然缺失症喔。

2. 接近樹木的當下也可以幫助我們排除二氧化碳、好好呼吸、有益健康，同時也間接培養了孩子專注、覺察與分享的能力。

3. 幫大樹澆水，感受大樹向下扎根的能量，能給予支持，而大樹向上生長的樹蔭，則能給予庇護。讓孩子知道自然界的循環，動物與植物互相依存，學習感恩與惜福。

　　總有那麼一天，身為父母，我們不再能像大雄的小叮噹一樣隨喚隨到，可能因為忙碌，或者不得以的時空阻礙。接近一棵樹、抱抱它，讓孩子知道自己可以跨越時空限制，在任何地方都能被自然所包容、以及被父母與祖先所包容，這會是一帖免費治癒人心的良方。大自然，就是孩子成長過程中的小叮噹，除了爸爸媽媽外，那一位最無私的支持者。

　　不管只是靠近樹、呼喚樹、抱抱樹，或是和樹祈願，以及委託樹靈傳遞消息，都是與自然同在。人與人要和好，人與自然也要共好。

儀式九：一起聆聽音樂吧

「馬麻，妳可以邊幫我按摩邊放音樂嗎？要那種很抒壓的、有海浪聲的，就像在飯店一樣。」

有時候我們可以把音樂當成與孩子之間溝通交流的傳達者。例如，面對崩潰哭鬧的小大人時，可以放紓解情緒的古典音樂，想要孩子起床、更有活力時可以播放節奏強勁、鼓舞的輕快歌曲。就像是小馬，他想要放鬆，居然也知道可以要求按摩配上有海浪聲的背景音樂。

在日常父母親也可以更刻意一點，把「一起聆聽音樂吧」的小儀式有意識的帶入生活中，像是親子一起共讀的概念，只是音樂取得的管道、可以播放的時間，比實體拿到書本更為便利。

一起聆聽音樂吧

1. 時間場景：

頻率可以每週一兩次或是平日晚上，如果可以在睡前有這樣的音樂共賞時光，就太棒了。

2. 事前準備：

❶ 父母親可以事先準備一些歌單，一首曲子長度不會太長(勿超過五分鐘)，在手機的音樂播放應用程式做歌單的分類。例如：做樂器的分類、不同心情的分類、大自然音樂分類，並不限定只有古典音樂。

❷ 如果不熟悉古典音樂聆聽，許多樂曲都有創作解讀在網路上可以找到，像是貝多芬 G 大調小步舞曲（感覺好像要跳舞）、蕭邦第二號樂曲（感覺漫步在月光下）、韋瓦第四季協奏曲（一年四季的變化）等等，即使父母親本身不是音樂背景，也不難操作。了解原創的發想，有助於和孩子分享。

❸ 可以選擇媒體、電視、電影都有置入的曲子，增加熟悉度，例如：迪士尼電影的配樂、宮崎駿卡通等等，它的音樂製作都十分有水準。

❹ 一起欣賞的曲目盡量不要選擇有歌唱的，以免孩子在聆聽時被歌詞或歌聲影響忽略了音樂本身。

❺ 創造一個放鬆的環境及氛圍，例如點上香氛、在床上關起燈。

3. 儀式步驟：

❶ 放音樂前，幫孩子做現在要欣賞的曲目導讀，像是作者或是音樂本身的故事性。如果只是沒有特定目地的連續舒壓音樂，可以直接說：「我們要來欣賞今天的音樂了。」增加它的儀式感。

❷ 看當天狀況與時間許可，可以播放 2～3 曲目，每次聽完一首可以問孩子：「好聽嗎？你覺得它像在說什麼？」鼓勵孩子分享他的感受，可以嘗試的引導他有沒有聽到一些特別的橋段、樂器、彈奏的聲音、鼓聲，以及和孩子交流你的感受。

❸ 分享完第一首，有時因為好聽，孩子還會要求聽一遍，就重複播放一遍，再進行下一個曲目的播放。

❹ 或許在放鬆的氛圍下，孩子聽著就睡著了，那麼就讓他睡著。放鬆助眠本身就是音樂很好的療效。

4. 進階版本：

在許多教學活動中，我都會帶領「音樂猜猜看」的破冰小遊戲，會至少連續放 8~10 首曲子，鼓勵小朋友用 2~4 個字說說對這首曲子所代表的感受。

我常常聽到這樣的形容詞：

這首感覺好「快樂」、「高興」、「緊張」、「放鬆」、「悲傷」、「戰鬥」⋯等等。

也有更豐富的表達，像是：

「春天的花開了」、「清晨太陽升起了」、「秋天的落葉」、「騎兵出現了」、「下課了」、「貓咪在跳舞」⋯等等。

這個遊戲對孩子很難嗎？ 一點也不會，我曾經放了電影《女人香》的主題曲（探戈）的音樂給孩子聽，一位二年級的小男生馬上舉手搶答：「老師，這是優雅的感覺！」這個回答，連在場他的父母親聽了都大為吃驚。

魔法的力量

1. 讓孩子練習安靜的聆聽，讓家的環境充滿音樂，孩子也會習慣於音樂的陪伴，並進而喜歡上聽音樂的美。藉此觀察以及鼓勵孩子的覺察力，這增進了不只是認知的能力、更訓練他表達自己的感受。

2. 如果我們不嘗試讓孩子分享他來自感官的直覺感受，我們永遠不知道生活中有許多元素是默默的和孩子的大腦在溝通，而他的情緒也因此有所回應。

最重要的，一起紓壓放鬆、增進生活的愉悅感，這是最快樂的！柏拉圖曾說：「音樂給宇宙帶來靈魂，給予思想翅膀，飛向想像力和給予生命一切。」

　　有時候，我們生活中最好和最壞時刻往往會和音樂連結一起，對聽者來說，不同的歌曲會將我們帶回到自己生命中的某個時光，有特定的意義。音樂也像是一個默默地同理者，聽著聽著我們將心中的情緒垃圾倒給它，它也毫不抗拒的包容。更重要的是，這一段親子共賞音樂的美好記憶，會伴隨著孩子日後生命的成長，成為他重要的支持力量。

　　喜歡上音樂，不是只為了 108 課綱，培育孩子的素養。而是音樂的美能療癒人心，把美的事物分享給自己的孩子，應該是除了愛以外，父母能夠送給孩子最珍貴的禮物了！

儀式十：創造幸福感的魔法

「儀式感是什麼？」小王子問道。

「它就是使某一天與其他日子不同，某一時刻與其他時刻不同。」狐狸回答著小王子。

這一系列的魔法儀式，是我在小馬中年級寫出來的，雖然過去幾年我們常常操作，但是我並沒有用文字記錄下來。這篇是最後一個章節。或許你看了前面九篇會覺得，這哪叫什麼魔法呀！我們都知道呀！

對，所謂的魔法和儀式感，本來就存在於我們的生活中，我們一直都知道！就好像每年的某一天，我們要慶祝生日，如果你問孩子們為什麼要慶祝生日，他可能會說：「這樣我們才會長大呀！」過生日這件事也是一種令人安心的魔法儀式。

你有沒有想過，當生命中的很多事情，你知道，但卻不常做的時候，總以為還有明天，但是或許明天，卻再也來不及呢？

創造幸福感的魔法

這個儀式不只是對孩子，其實更適合從父母親開始。

1. **儀式材料：**

準備一本親子共同的筆記本。

2. 儀式步驟：

❶ 和孩子一起每天晚上靜下來回想，一天之中發生的事情，有哪些美好的、值得感恩的，至少選三件。

❷ 把目光聚焦在自己與孩子的亮點，還有那些與家人或朋友相處美好的地方。

❸ 在床上睡前彼此討論。

❹ 自己可以先分享三件事。

❺ 同時也鼓勵孩子分享三件事，如果他想不出來，請引導和提醒他。

❻ 分享時，請以穩定、溫柔的語氣來接住他。

❼ 第二天，如果還記得，父母親或是孩子可以寫下來。

魔法的力量

我們活著的每一天都會有好、或不太好的事發生，人的記憶往往只會記住壞的，卻忘了有更多可以持有正念以及感恩的地方。就好像育兒，我們常常看到孩子的不足，卻沒有同理他的困難，或是看著他經驗一些錯誤，卻忘了其實事件背後給予的是學習。

利用每天回想三件事，一起分享，為生活、為彼此開啟對話，這樣的交流，就彷彿為親子關係加溫，是一道簡單的、隨時可以創造幸福感的魔法儀式。

想要引導孩子，請你先創造一個輕鬆自然、有著愛流通的管道，主動去成為那位孩子最想傾訴事情的對象。管道不能平時收著，要用才拿出來，它需要每天的練習。

也請記得，不管孩子和你分享什麼事，請你一定要用：「你來找我，都是重要的，你的事就是我的事，沒有大小之分。」的態度來迎接他。

利用每天彼此分享三件事，我們不但看見了孩子，也重新看見了自己，這就是充滿幸福感的魔法儀式。

寫在這本書之後

我還記得兩年前，我的簡報及寫作教練王永福福哥（福哥為企業知名簡報教練和作家）和我討論關於這本書的主軸，福哥鼓勵我：「我覺得妳的主題可以寫，而且妳的孩子現在是不是更好了？妳可以和大家分享妳的經驗。」

孩子有沒有更好呢？我的孩子有 ADHD 是現在進行式，他的大腦和行為仍然持續的有著各種症狀，也還在教育體系中有許多學習上的問題與面對團體的障礙，許多過動兒即使長大了也仍然會有成人 ADHD 的症狀。

所以「孩子有沒有更好呢？」當我自己問自己這句話時，我真的不知道答案。我曾經也問過醫生，要怎麼樣才知道 ADHD 過動症這個討厭鬼已經離他遠去了？醫生告訴我：「妳就是等他慢慢長大，妳就知道了。」

2025 年一月，瀞文編輯告訴我這本書終於要在第一季進入排程了，於是我在出差回台灣當天的清晨，趁著孩子還沒醒，打開筆電寫著這一篇「後記」，回想起這一段寫書的歷程，百感交集。

這本書寫了約二年才成形，到現在真正的出版日，已經近三年。從一開始我在網路上發表幾份關於 ADHD 親子的文章，被出版社的小鈴總編看見。當她告訴我，可以進一步討論出書事宜，那是我第一次感受到，原來我的文字是有力量的、是可以分享的，也感謝總編的肯定。但是接下來，我卻曾經一度有整整十個月什麼都寫不出來。

那是一種很深的自我懷疑、夾雜著養育過動兒的挫敗感，以及

面對許多問題的不知所措。我心裡想：「我的孩子並沒有因為我而變的比較好呀！」「我有什麼資格分享？」「我只是一個無助的媽媽！」「萬一別人不贊同我的觀點怎麼辦？」等等來自心底的糾結。

在現實生活中我就是一個幾乎搞不定孩子和自己的母親，每天在分身乏術中，我都想辦法先把自己從大人世界裡的各種崩潰邊緣拉回來，再面對孩子的問題以及和他對話、並且嘗試著用我懂的方式安撫他，我真的懷疑像我這樣無法全心陪伴小孩的母親，到底能和大家分享什麼呢？

一直到去年，小馬問我：「媽媽，妳的書到底什麼時候要出呀！我們不是說好了，要一起為ADHD過動兒發聲嗎？等好久了呢！」我才驚覺到，才十歲的他一直在觀察我的進度，而且他也了解我們想要和大家表達些什麼，他也非常盼望著。

這本書的誕生，我想要先謝謝我的孩子小馬，因為他來到了這個世界上，讓我有機會用不同的視野和高度，去看待週遭所發生的每一件事與每一個人。而為了想要幫助他，我也開始了大量的、向未知領域的學習，我也因此成長。與其說，由我引導了孩子，不如說，孩子才是那位激發父母此生潛能的貴人，因為孩子，我們的人生也被賦予了不同的價值，讓我們有勇氣重新找回自己。

在經過了許多的閱讀、自我轉念、以及練習後，我終於放下了想要「好」、「變好」、「更好」的想法。我愛的是我的孩子，而不是一個大腦變得和大多數人一樣的孩子。小馬的存在，我們親子間有如此緊密的感情和關係，本身就是一件「美好」的事。

原來，這一趟的寫書之旅，其實是一趟轉念之旅。因為轉念了，所以書才得以完成。我終於能跟大家分享我心中的美好。

這本書的問世，除了謝謝曾經指導過我的所有前輩外，也謝謝協助的貴人們，臨門一腳的推薦相挺。另外還有于子棋同學，我們都是謝文憲（憲哥）的「說出影響力」學生。我非常喜歡子棋在臉書上發表的畫作，我們同為在職場中的母親，但卻又有自己的興趣，因此有著共通的頻率。感謝她的成全，在百忙中替本書畫插圖。

最後，我最感恩的是我的父母親，雖然他們對教養下一代的觀念與我不同，我仍然接收了他們的核心、身教與滿滿的愛。在這本書中的某些篇章，我的發想，尤其受我的母親影響至深，她是個非常有創造力和才華的女性，只是生不逢時。因著寫出這本書，我同理了當年的父母親，也和過去叛逆的自己和解了。

我們難免想要孩子成為我們期待的模樣，但事實是他仍有自己生而為人、不同個體的自主設定，父母能做的，只是引導孩子走這一段，並且放開心胸欣賞他。

寫到這裡，非常謝謝你花寶貴的時間讀完本書。我想鼓勵和我一樣的父母親，我們都不是完美的，但是請相信我們的寶貝會來到身邊，此生彼此會相遇，是冥冥中有所注定。

我衷心的希望藉由這樣的分享，也能與讀者有共鳴之處，並期待你們的家庭，也能因此長出不同的精采與力量，謝謝。

梁懷貞

好家教系列 SH0180

我們都是孩子的引導師
ADHD 也是一種天賦，每個生命都有獨特的魔法，值得被溫柔點亮

作　　者／梁懷貞	國家圖書館出版品預行編目 (CIP) 資料
選　　書／林小鈴	
主　　編／梁瀞文	我們，都是孩子的引導師 / 梁懷貞著. -- 初版. -- 臺北市：新手父母出版：英屬蓋曼群島商家庭傳媒股份有限公司城邦分公司發行, 2025.04
行銷經理／王維君	288 面；17×23 公分. -- (好家教；SH0180)
業務經理／羅越華	ISBN 978-626-7534-15-1(平裝)
總 編 輯／林小鈴	
發 行 人／何飛鵬	1.CST: 育兒 2.CST: 兒童發展 3.CST: 親職教育
	428.8　　　　　　　　　　　　　114002593

出　　版／新手父母出版

　　　　　台北市南港區昆陽街 16 號 4 樓

　　　　　電話：（02）2500-7008　　傳真：（02）2502-7676

　　　　　E-mail：bwp.service@cite.com.tw

發　　行／英屬蓋曼群島商家庭傳媒股份有限公司城邦分公司

　　　　　台北市南港區昆陽街 16 號 5 樓

　　　　　書虫客服服務專線：02-25007718；25007719

　　　　　24 小時傳真專線：02-25001990；25001991

　　　　　服務時間：週一至週五上午 09:30 ～ 12:00；下午 13:30 ～ 17:00

　　　　　讀者服務信箱：service@readingclub.com.tw

劃撥帳號／19863813；戶名：書虫股份有限公司

香港發行／城邦（香港）出版集團有限公司

　　　　　香港九龍土瓜灣土瓜灣道 86 號順聯工業大廈 6 樓 A 室

　　　　　電話：(852)2508-6231　　傳真：(852)2578-9337

　　　　　電郵：hkcite@biznetvigator.com

馬新發行／城邦（馬新）出版集團

　　　　　41, Jalan Radin Anum, Bandar Baru Sri Petaling,

　　　　　57000 Kuala Lumpur, Malaysia.

　　　　　電話：(603) 90578822　　傳真：(603) 90576622

　　　　　電郵：cite@cite.com.my

封面、內頁設計／李京蓉

印　　刷／卡樂彩色製版印刷有限公司

初　　版／2025 年 04 月 22 日

定　　價／460 元

ISBN：978-626-7534-15-1 (平裝)

有著作權・翻印必究（缺頁或破損請寄回更換）